优雅一生的33堂气质课

雅楠 著

中国纺织出版社有限公司

内 容 提 要

优雅是唯一不会褪色的美，也是所有女性都渴望拥有的特质。真正的优雅，始于美丽，达于自律。形象的魅力、优雅的身姿、得体的妆容是远远不够的，丰盛的灵魂、理性的头脑、恬淡的气质、柔软却不失态度的力量，涨潮时不张狂，落潮时不气馁，有扛得住风浪的韧性，有抵得住诱惑的理性，有推己及人的同理心，才是优雅的精神所在。这本小书以闺蜜立场和态度，帮助每一位热爱生活、向往美好的女性，随着时间的沉淀，活出优雅得体从容的人生。

图书在版编目（CIP）数据

优雅一生的33堂气质课 / 雅楠著. —北京：中国纺织出版社有限公司，2021.3
ISBN 978-7-5180-8297-1

Ⅰ. ①优… Ⅱ. ①雅… Ⅲ. ①女性—修养—通俗读物 Ⅳ. ①B825.5-49

中国版本图书馆CIP数据核字（2021）第008274号

策划编辑：郝珊珊　　责任校对：高　涵　　责任印制：储志伟

中国纺织出版社有限公司出版发行
地址：北京市朝阳区百子湾东里A407号楼　邮政编码：100124
销售电话：010—67004422　传真：010—87155801
http://www.c-textilep.com
中国纺织出版社天猫旗舰店
官方微博http://weibo.com/2119887771
天津千鹤文化传播有限公司印刷　各地新华书店经销
2021年3月第1版第1次印刷
开本：880×1230　1/32　印张：6
字数：168千字　定价：48.00元

序言
Prologue

杜拉斯的《情人》一开篇，就写道这样一段话：

我已经老了，有一天，在一处公共场所的大厅里，有一个男人向我走来。他主动介绍自己，他对我说："我认识你，永远记得你。那时候，你还很年轻，人人都说你美，现在，我是特地来告诉你，对我来说，我觉得现在你比年轻的时候更美，那时你是年轻女人，与你那时的面貌相比，我更爱你现在备受摧残的面容。"

虽不曾目睹过书中写到的这个女人，但透过这段话的描述，呈现在我脑海里的是一个上了年纪却不失优雅韵味的女性。岁月会流逝，青春会凋零，但优雅的气质却经得起时间的考问，即便到了迟暮之年，依然能散发出灼灼耀眼的光芒。

优雅，是唯一不会褪色的美，也是所有女性都渴望拥有的特质，但要真正获得实属不易，它需要女性先对优雅有一个正确而深刻的认知，更需要由内而外、日复一日的修炼。真正的优雅，始于美丽，达于自律。

优雅的最外层是形象的魅力、优美的身姿、得体的妆容，但仅有漂亮的外表和表面上的岁月静好，是远远不够的，更重要的、更难的是丰盛的灵魂、理性的头脑、恬淡的气质、柔软却不失态度的力量。涨潮时不张狂，落潮时不气馁，有扛得住风浪的韧性，有抵得住诱惑的理性，有推己及人的同理心，才是优雅的精神所在。

谨以这本小书，祝愿每位热爱生活的女性，随着时间的沉淀，都可以懂得自爱与爱人，用自己喜欢的方式从容过生活。亲爱的，你若优雅，芳华自在！

雅楠

2020年10月

目录
Contents

Chapter 2 有品的格调

Chapter 3 丰盛的灵魂

Chapter 4 温柔的力量

Chapter 5 优雅的谈吐

Chapter 6 精致的生活

Chapter 1

不凋的魅力

第01课
形象

以貌取人是本能

不管我们愿不愿意承认，这真的是一个看脸的时代。

走在路上，谁都难免会对容貌出众的人多看一眼；靠近橱窗，谁都难以忽视在阳光下璀璨发亮的钻石；挑选物件，谁都会在同质同价的基础上去选外观最时尚的……选美、赏物的习惯是人的一种本能，无可厚非。

身处在这个万花筒一样的世界，没有人敢去否认“颜值”的力量，即便内有蕴藏黄金的王国，也需要这个华丽的大门，吸引人去挖掘和探索。

至于那些痛心疾呼“沉迷肤浅华丽的外壳，不寻求内涵的价值”的批判者，不能说认知完全错误，只能说太过极端。有谁说过，美丽的外表和优秀的灵魂不能共存吗？

微博上盛行这样一段话：“性格写在唇边，幸福露在眼角；

理性感性寄于声线，真诚虚伪映在瞳仁；站姿看出才华气度，步态可见自我认知；表情里有近来心境，眉宇间是过往岁月；衣着显审美，发型表个性。职业看手，修养看脚，穷会从全身散发出来。”

这段话无疑道出了四个字——相由心生，你的内在是什么样，你的生活是什么层次，都写在了你的外表上。英国女王曾在给威尔士王子的信中写道：“穿着显示人的外表，人们在判定人的心态，以及形成对这个人的观感时，通常都凭他的外表，而且常常这样判定，因为外表是看得见的，而其他则看不见，基于这一点，穿着特别重要……”

看到这里，我们或许才能真正理解王尔德说过的那句话：“只有浅薄无知的人，才不以貌取人。”因为，浅薄的人缺少充分解读外在信息的能力，无法觉察到事物背后的真相。这就好比，审视一个人内心是否纯善、有无修养，不是去关注那些大是大非的问题，而是透过不起眼的细枝末节，以微见著。

越是对自己有要求的女人，越重视自己的颜值和形象管理。因为她们知道，在这个匆忙的时代，没有人有时间、有义务、有耐心透过邋遢的外表，去探究一个女人内在的优秀。事实往往都是，先用优雅得体的外表赢得他人的好感，为自己争取被深入了解和认可的机会。

我们不鼓励女人成为“花瓶”，只是强调外在美与灵魂美的结合。女人不该忽视自己的外在形象，以美好的样子示人，以美好的样子悦己，是对自己的认可与负责，也是在为自己积攒软实力。毕竟，人类是视觉动物，无论男人还是女人，总是对美的事物产生好感。这是铁一般的事实，也是无法改变的人类脑部皮下组织的自然运作反应。

外表决定第一印象

美国总统林肯曾因相貌偏见，拒绝了朋友举荐的一位阁员，尽管对方才识过人。朋友愤怒地指责林肯太以貌取人了，说任何人都无法为自己天生的脸蛋负责。然而，林肯却给出了这样的理由："一个人过了 40 岁，就应该为自己的面孔负责。"

是不是觉得这番话似曾相识？曾有人说过，女人 25 岁之前的容貌是父母给的，25 岁之后的容貌是自己修炼的，精致美好的形象、举止投足的优雅、运筹帷幄的机敏、谈笑风生的智慧，都是靠后天习得的。岁月会带走青春的容颜，但智慧、优雅却是为女人持续增值的软实力。

在人际交往中，亲近的人之间永远是"近因效应"发挥作用，而陌生人之间却是"首因效应"在发挥作用。比如，在说起家人、孩子、伴侣时，我们谈论的事件和感受多半都是近期发生的，因为近期的信息在短时记忆里更清晰；说起一个不太熟悉的人，我们谈论的往往是最初见到 TA 时发生的事，以及 TA 给你留下的印象。

第一印象有多重要呢？心理学家做过一个实验，让下面的 4 个人同时在路边搭车：

· A：戴着金边眼镜、手持文件夹的青年学者

· B：打扮洋气、身材出众的年轻女孩

· C：拎着塑料袋、满脸疲惫的中年妇女

· D：染了彩色头发、穿着邋遢的男青年

结果显示，青年学者、年轻女孩搭车的成功率很高，中年妇女稍微困难一些，至于那个男青年，基本上没什么人愿意载他。这也说明，不同的外表象征着不同的人，随之也就有不同的际遇；给人留下什么样的第一印象，直接影响着后续的交往顺利与否。

当你出现在一个陌生人的面前时，蓬头垢面、穿着邋遢，你如何让对方相信，你在生活中是一个精致的、体面的、对自己有要求的女人？你对待生活的态度，全都写在你的外表上了。反之，当你与人初见时，穿着精致、举止优雅、言谈有礼，周身散发出优雅自信的气息，对方感受到的你就是一个爱自己、爱生活的女人。

第一印象往往能够激起我们情感中最强烈的部分，就像照片一样，把我们的情绪定格在那一刻。第一印象是来自本能的，包含的信息也很重要。人们往往透过第一印象去决定一个人是否值得交往。塔夫斯大学的心理学教授纳利尼·阿姆巴迪认为，这是人类为了生存而形成的一种快速决定环境危险与否的潜力。

形象是华丽的战袍

当下，越来越多的职业女性不惜投入时间和金钱，去参加形象管理的培训课程，它们几乎成为高层次女性必不可少的修炼课。某知名机构的一位形象顾问坦言：“美好的形象不一定能保证换来成功，但不得体的形象注定会失败。一个女性的颜值，其实也间接透露着她的能力，我还没有见过一个成功的女性是邋遢的，那些活得很精彩的女性，都有美的本事。”

话说得很直接，也很中肯。一个女人未必要长得美若天仙，但必须有管理形象的能力。她的形象是精致讲究，还是邋遢将就，直接反映着她对自己、对工作、对生活的态度。作为职场女性，形象更是一块有力的敲门砖。

美国著名形象设计师莫利，曾经对100家大型企业的总裁进行访问，结果显示：“97%的总裁认为，展示出自己形象魅力的人会获得更多的升迁机会；95%的总裁相信，不合适的穿着会使面试者更容易遭到淘汰；93%的总裁表示，绝不会用不懂穿着的人做自己的助手。”

Fiona工作能力很强，与同事的关系也不错，每个月拿着不菲的薪资，唯一美中不足的是，她太忽视自己的形象，向来都是素面朝天，不修边幅，说话也是直来直去。领导对她的能力是很认可的，但唯独有一件事，让她心里很别扭。

每次有行业内的大型交流会议，领导都不让她去，而是让其他同事代表公司出席。她想不明白：我的工作能力是有目共睹的，老板也知道，为什么不派我去？难道我的资历不够作为公司的代表么？那些被派去的同事，也没见得比我更优秀吧？

都说“初生牛犊不怕虎”，最后帮Fiona揭开谜底的是她的新助理。那女孩刚刚大学毕业，说话有时不太谨慎，但也正因为此，她才说出了别人不敢说的实话：“Fiona 姐，你长得也挺好看的，干嘛不多打扮打扮呢？你看阿丽，就是一个普通的销售，可打扮得跟客户经理似的，好几次都被没有见过面的客户误认为她是你呢！”

Fiona 时常提醒女助理要注意言行，很有耐心地引导她。可这一次，她倒是感谢这个年轻女孩的直言，让她意识到了问题所在。原来，旁观者都看得出来，是自己在外表上输了一截，而非工作能力的问题，可谁会开这个口告知呢？

每次遇到重要的事情，老板都会安排其他人去，包括新助理提到的那位女销售，因为老板也担心客户会“以貌取人”，倘若客户看到不修边幅的自己，极有可能会认为这是一家不注意形象、不专业、不敬业的公司。

Fiona 沉思了许久。这些年，她一心想着如何提升自己的能力，根本没有去思考个人形象的问题，况且她认为自己就是凭能力上来的，不愿意把自己打扮成“花瓶”。而今，她豁然开朗，打扮自己不等于不敬业，树立一个好形象才是给自己打造了一块金字招牌。对于职场女性而言，能力是毋庸置疑的资本，但形象也是助力成功的资本。

第 02 课
身姿

好身姿成就一生的美

坐有坐相，站有站相，此忠告至今仍不过时。

所谓的“相”，说得就是身姿。优美的姿态犹如一个无声无息的精灵，会紧紧抓住人们的感官，潜入人们的心灵。当一个女人拥有亭亭玉立的站姿，自然放松的坐姿，柔媚而又自信的走姿，充分展示出女性的纤细身材和柔美的曲线，谁能不被这份气质吸引？

王家卫的电影《花样年华》中，张曼玉穿着 26 款的美丽旗袍，在暗暗幽深、湿乎乎的小巷中悠然地行走。那一款款美丽典雅的旗袍自然很亮眼，让人不禁为旗袍的古典美感叹，但更令人回味的，还是穿着旗袍的张曼玉那曼妙的姿态、淡淡的笑容、沉稳而平静的眼神。

这个女人，似乎有着海一样的心，她把所有的波澜都潜藏在了心底，唯有从睫毛的颤动中，才能够让人感觉出她灵魂的汹涌澎湃。她不需要炫彩的服饰，也不需要妖艳的妆容，她那份由内而外散发出的淡定悠然，折射出的感性与理性叠加的气质，就是最极致的美。

撒切尔夫人是英国第一位女首相、雄踞政坛长达11年之久，出现在公众面前的她总是挺胸直背，步履轻盈，步伐坚定，看起来神采奕奕，气场强大，被世界政坛誉为“铁娘子”。退出政坛后，撒切尔夫人过起了普通民众的生活，可年过八十的她身姿仍然像曾经在位时一样优雅而干练，风韵不减当年，完全不像年事已高的老妇。

奥黛丽·赫本被誉为“一颗精细雕琢的钻石”，她因《罗马假日》中的“安妮公主”而成名，这也是她的代表作。当初赫本之所以能够从众多的演员中脱颖而出，被导演钦点为女主角扮演者，除了因为她绝美的容颜外，还因为其优雅的姿态。

赫本自幼学习芭蕾，舞蹈训练塑造了她举手投足间的优雅仪态。她总是喜欢微微地抬起头来，颈部线条看起来流畅且优美。无论站立还是行走，她上身挺拔，肩膀放松，既不向前耸，也不向后塌，这样身姿看起来更加挺拔和曼妙……赫本姿态优雅，本身就具有清新脱俗、富贵典雅的气质，这也使得她塑造的银幕形象深入人心。

对女人而言，生得一张美丽的脸庞是幸运的，但若没有也不必灰心丧气，因为还可以在气质上去弥补；而一个女人是否有气质，身姿体态起着决定性的作用。这世上有许多五官看起来并不是十分精致的女性，可她们的一颦一笑、一举一动，都散发着沁人心脾的优雅气质。这份美丽的姿态，相比美丽的脸庞，更加持久，也更有味道。

随时调整自己的坐姿

当下面的这一幕映入你的眼帘时，你是什么样的感受？

“那个女人瘫坐在沙发上，四肢随意地向外伸展着。过了一会儿，她起身歪斜地坐在沙发上，跷起二郎腿，双腿还不停地抖啊抖，眼神一个劲儿地左顾右盼，不知道在看什么……”

你能在这样的女性身上感受到优雅吗？姑且不谈优雅，仅仅从礼节方面来说，你认为这是一个注重仪表、有修养的女性吗？很显然，从这位女士瘫坐在沙发上的那一刻起，她就已经主动向优雅握手言别了。

坐，不只是为了休息，也是彰显形体美和独特气质的一种形式。坐相不佳，会直接给女性的魅力减分。一个坐相不佳的女性，哪怕其他方面再优秀，别人在见识过了她那一幅慵懒、缩合的样子，也不会产生多么美好的印象。

电影《女王》里有一处情节：女王作为英国皇室的代表，召见了新任首相布莱尔。双方在打过招呼之后，女王来到座位前，轻轻地摆弄了一下裙摆，优雅就坐。坐下之后，她时刻都保持着端庄、高贵的姿态——上身保持挺直、端正，没有坐满椅面，而是占据了一半多一点的面积。与布莱尔交谈的时候，她的眼神始终保持着平视，没有东张西望。她把手臂摆放在椅子的扶手上，同时双膝并拢，双脚交叉在脚踝部。

从就座到落座的整个过程，连礼仪专家也挑不出任何的瑕疵。女王的优雅和高贵，以及她的威严与淡然，凸显着英国皇室的尊严，那完美的坐姿任谁看了都不禁心生赞叹。即便是同性，也会欣赏和羡慕女王的优雅气质与举止。

作为普通人，我们尚未接受过专业的训练，难以一下子抵达那样的境界。但，我们至少要懂得，要根据自己所处的情境、穿着的衣装类型，随时调整自己的坐姿，让自己看起来不是懒腰折胯的姿态。

通常来说，能够提升气质的坐姿主要有三种：

· 正式坐姿：适用于正式场合

上半身与大腿、大腿与小腿、小腿与地面都形成直角，双膝允许分开，分开的幅度不要超过肩宽。这种坐姿可用于面谈之类的正式场合，给人一种自信、真诚、坦诚的印象。不过，双膝不必并得太紧，不然会给人一种紧张、缺乏安全感的印象。

· 曲线坐姿：适用于穿裙装

双膝并拢，两脚尽量偏向后左方，让大腿与上半身构成90度以上的角度，再把左脚从右脚外面伸出，使两脚的外线相靠，双脚脚掌着地，突显雅致优美的身形。此坐姿特别适合穿裙装，可避免“走光”的尴尬。

· 交叉坐姿：适用于各种场合

并拢双膝，双脚在踝部交叉。交叉后的双脚可以向内摆放，也可以向两侧的任意一侧摆放，但不要向前方直伸出去，否则会显得没有修养。

知道了在什么样的处境下选择什么样的坐姿，接下来就要通过一些细节，让坐姿突显出稳重大方的气质。完美的坐姿，需要身体多个部位的协调配合，如果哪个身体部位做得不好，就可能影响整体的形象。

细节 1：腰背部一定要挺直

腰背部分最能反映一个人的精神状态，我们坐着的时候虽然是放松的，但也要注意上身端正、腰背挺直、手肘不贴身体，手放在大腿的后部，展露精神奕奕的状态。

细节 2：臀部坐一半多一点

无论坐什么样的座位，切忌坐得太深或太浅。太深的话，会引起小腿肌肉紧张，时间久了会累；太浅的话，大腿的大部分会露在椅面外，显得腿短而粗。不要只坐椅子的 1/3 处，会让人感觉你很紧张、胆小怯懦，坐一半多一点是最合适的。

细节 3：手臂不能随意放

入座后，手臂如何放，直接决定着气质。通常来说，比较突显气质的姿势有以下几种：

· 放在两条大腿上。双手各自扶在一条大腿上，或双手相握后（叠放亦可）放在两条大腿。这是一种“端”着的姿势，显得充满自信和力量。

· 放在一条大腿上。侧身和人交谈时，双手叠放或相握放在自己左侧一方的那条大腿上，显示你对对方的尊重，整个人也看起来轻松自然。

·放在皮包文件上。穿短裙时为防“走光”，可以把随身的皮包或文件放在并拢的大腿上。随后，可以把双手或扶，或叠，或握着放在皮包文件上面，找一下“端”着的感觉。

·双手放在身前桌子上。把双手平扶在桌子边沿，或是双手相握置于桌上。有时，也可把双手叠放在桌上。

细节4：腿杜绝不雅动作

坐下时，可以将左腿跷在右腿上，但要两小腿相靠，双腿平行，更能显得高贵大方。双膝不要并得太紧，这会使人产生一种紧张、缺乏安全感的感觉。双腿不要一直改变位置来回交叉，这种肢体语言给人一种你急欲离开的感觉。

细节5：脚摆出美感的姿势

双脚不能乱放，不能伸得过长，更不能绊到别人。双腿交叠坐时，脚尖要朝同一个方向，上脚的脚尖尽量贴着下脚的脚踝骨处，脚尖应保持在膝盖的垂直线以内，便于起立。坐椅子时，不要用两脚勾住椅子的腿，或自己的双腿缠得像麻花一样。这些缺乏美感的姿势，自己没看到无所谓，可坐在对面的人已把你这些不雅的坐相一览无遗了。

优雅呈现出的是外在的气质，而内在考验的却是自我约束能力。所以，平时要多多提醒自己：我的一举一动别人都看在眼里。时刻注意约束自己，调整自己的坐姿，久而久之让其成为自动的习惯。

养成有气势的走姿

不管一个女人的实际年龄是多少，人们大都会偏爱走路姿态显得年轻的女性，因为从她们的步伐中，人们既可以感受到轻盈快捷，又不觉得有失稳重。如果一个女人走路时弯腰驼背、脚步拖沓、低头无神、步履迟缓，甚至还迈着“八字步”，肩膀一高一低，那就与优雅大相径庭了，甚至连边儿都沾不上。

气质是后天修炼出来的，有气势的走姿也不是一日之功，都源自平日里的自我养成。看起来走姿优美的女性，很可能是花费了几个月、半年甚至更久的时间训练出来的。想在不同的场合都能突显出优雅的气质，需要掌握三种不同的步姿：

· 标准步姿：稳而直地走在一条线上

抬头挺胸，目视前方，神态平和，脚尖向前，重心放在脚尖上，双腿有节奏地向前迈进，杜绝小碎步，双臂在身体两侧自然摆动。手的摆动带动整个上身，使脚步平衡，走路的连续动作，就如同因肩膀左右晃动，带动了全身的摆动。训练这种走姿时，可以在地上画一条直线。目不斜视，旁若无人，走在这条直线上。每天练习半小时，一年下来就会有明显变化。

· 典雅步姿：穿长裙或旗袍时的走姿

穿包身裙时，身体会被拉高，更能凸显女性的曲线特征。此时，如果走路的姿态能够再典雅一点，气质瞬间就会提升一个档次。通常来说，穿长裙装或旗袍走路时，步幅应小，步速要紧，步姿轻盈，给人以文静、典雅、飘逸、玲珑之感。

· 芭蕾舞步姿：穿高跟鞋的行姿

高跟鞋犹如水，能载舟亦能覆舟。穿平底鞋走路，往往是脚跟先落地，但穿高鞋时却不一样，脚底板要平一点儿伸出去，让脚尖先着地，类似跳芭蕾舞时走路的姿态。如果还是脚跟先落地，脚尖抬起，让人看到鞋底，就很不雅观了。

第03课
妆容

化妆是一种生活态度

某化妆品女王在她的自传中，讲述过两个和化妆有关的故事。

第一个故事的主人公，是一位专门致电表示感谢的男士。他说，刚结婚的时候，太太漂亮得像从杂志里走出来的女人，头发梳理得恰到好处，脸很漂亮，身材迷人。后来，太太怀孕生产做了妈妈，外形变得潦草了。

“每天我出门的时候，她站在那里，一个小孩吊在她脏兮兮的围裙上，另一个孩子则在她的怀里喊叫。她不梳头，也不化妆。晚上我下班回到家时，唯一的变化就是，一切变得更糟。”

后来有一天，他的太太被人推销了一套化妆品，可能是担心他责备自己花钱太多，所以在他下班之前，太太就化好了妆，换上合适的衣服，梳理了头发。他回到家后，看到太太时很惊讶：

“她看上去美极了，我几乎都忘记了她是那么地美丽。”

第二个故事的主人公，是一群在养老院与衰老和疾病抗争的老人们。那些老妇人最初半推半就地被美容小姐化好妆，收拾得漂亮体面。后来，每天早晨醒来后，她们都会主动问：“今天什么时候给我化妆？”养老院里少了叹息声，多的是像年轻人一样的爽朗笑声。几个星期后，一位老先生很认真地对美容小姐说：“我们希望被平等对待，我们也需要美容。”

化妆，真的是一件很奇妙的事。它不仅能让人变得美丽，还能让人充满自信，甚至改变对生活、对自己的感受。古人常说，“女为悦己者容”，可从本质上讲，时刻都在享受化妆带来的实惠的人，其实是女人自己。

化妆不单纯是为了美，也是对皮肤的保养，减缓衰老，改善皮肤状态。现如今，职场女性越来越多，塑造一个有魅力的职场形象，更是必不可少的功课。英国著名的形象公司CMB的一项研究显示：在公司中身居高位的女性，形象和气质对其成功的作用非常关键。

女人的一生要经历不少特殊时期，结婚生子就是一个分水岭。如果把婚姻当成保险箱，从此松懈了对自己的要求，终日素面朝天、不修边幅，就很难保持在爱人面前的吸引力。要战胜所谓的“审美疲劳”，管好自己的容颜是第一步。

无论是在爱情的领域，还是在生活的世界，又或是事业的战场，妆容都是女性获得焦距的重要利器。女人化妆，不只是为了美丽和形象，更突显着一种生活态度。一个能把自己收拾得干净利落、明眸皓齿的女性，给人的感觉总是更礼貌、更优雅。

浓妆淡抹总相宜

容貌是与生俱来的，如果上天没有给予我们骄人的美貌，不妨用智慧来弥补这一缺陷。化妆，就是一种智慧，一种能够雕饰出美丽的智慧。化妆的最高境界，应当是实现“有妆胜无妆”的自然美，看起来落落大方，就像长在皮肤上一样，而不是一眼看上去就知道涂了多厚的粉底，那样的话反倒会给人一种流俗之感。

那么，如何才能做到“浓妆淡抹总相宜”呢?

对女人来说，最渴望、最受用的评价是“你真漂亮”，而不是“你看起来很像 × ×”。不管化妆水平怎样，你要像自己，而不是别人。这样给人的感觉才会接近自然，才会舒服，越是真实自然的脸，越富有吸引力。

各部位的妆面在风格、色彩上要协调，如眉形柔美，唇形也应柔美；如眼影是冷色调，口红也要冷色系。面部是五官分布集中、视觉反应很强烈的类型，妆面不和谐会极大降低女人的品位。与此同时，妆面与整体形象、外在环境也要保持和谐。换而言之，你想表现出的气质，你所出席的场合，你的年龄、职业和社会地位，都要与你的妆容相匹配。

不少女性缺乏精细的修养观念和习惯，导致妆面上常有粗糙的痕迹，如口红边沿模糊、粉底浮乱、不修眉毛等。精致需要长时间培养和打磨，它是女人品质最突出的一种表现。用唇刷将口红均匀地涂在嘴唇轮廓内，眉线流畅清晰，打粉底打到最均匀、最自然，可使整个面部增加立体感，有效地改善气色，你的品质和品位便增添了许多气质。

女人的美不只是天生丽质，更在于后天的内外精修。好的妆容是女人用智慧和修养精雕细刻出来的，那份与身体的和谐，那份洋溢于周身的风采和丰韵，那份内心世界精彩的描述和渴求，能让女人时刻保持彩虹般的绚烂光芒。

微笑本身就是美妆

相传，古时有个皇帝要招画师，于是下令民间，凡是能画画者皆可应征，要求是画出世间最美的女子。到了评比之日，画师们手捧画轴依次献给皇帝。几经挑选，皇帝最终选中了一个不起眼的画师，任命他为宫廷画师。对于这个结果，其他画师们都表示不服，称自己所画的女子乃是世间至美。

皇帝命人打开那位画师的画，众人愕然，画中是一幅观音圣像。众画师皆有微词，认为观音乃是神人，将她列为凡人甚至选美乃是一种亵渎。皇帝却不以为然，给出这样的解释：

“你们所画的女子，无论从妆容还是姿态都可谓人间绝色，但你们忽略了一点：我要你们画的是一个活生生的人，而不是一个貌似倾国名花、神近呆若木鸡的冰霜美人。观音笑从心生，说是人间至美实不为过。”

出众的容貌固然令人心生喜爱，可喜爱悦目的容貌之余，人们更在意微笑的动感。微笑能够传递出奇妙的、吸引人的气场，一刹那足以拉近人心。长得美若天仙，却露出嘴角下撇的姿态，紧皱眉头、苦大仇深的表情，再怎么美丽也不会给人以美感。

美国名模辛迪·克劳馥说过：“女人出门若忘了化妆，最好的补救方法就是亮出微笑。”微笑是一种可以创造吸引力的磁场，也是女人无须刻意装扮就能获得的一张美好面容。不过，想要笑出亲和力和感染力，笑成真正的美人，还是需要下点功夫的。

真正能感染人的微笑一定是发自内心、不卑不亢的，既没有对弱者的愚弄，也没有对强者的奉承。面带真诚的、发自内心的微笑，能透露出女人十足的底气，这跟贫富、地位、处境等都没有必然联系，而是在于直率又善良的气质、谦虚而富有怜悯的内心。

过去提倡的“笑不露齿”的矜持美，如今已被颠覆。研究发现，露齿微笑的感染效果比抿嘴微笑高近三成，不必担心你的牙齿不齐，大胆表现出率真的个性，微微张开双唇，只要露出六颗牙齿，你的微笑就会显得很自然。

微笑吧！它似一股甘泉滋润着你干涸的心田，赐予你新的憧憬和希望，让你感受到生活的乐趣，促使着你以自信优雅的姿态阔步向前。

第04课 身材

保持身材是一辈子的事

《西西里的美丽传说》中，长相漂亮、身材性感的玛莲娜，撩着波浪状黑色的秀发，穿着时髦的短裙和丝袜，踏着充满情欲诱惑的高跟鞋，成为西西里岛上的一抹独特的风景。这样的一个女人，几乎征服了岛上的所有男性，却也遭到了几乎所有同性的嫉妒与憎恶。

美丽不是错，只是在剧中的那个年代，那个特定的背景，才导致玛莲娜遭受了本不该承受的羞耻和痛苦。换作今天，像玛莲娜一样的魅力女性，得到的大都是艳羡的目光，哪怕是同性，也会将其视为一个魅力身材的标杆，努力向她看齐。

容貌好不好看，有一定的遗传因素，甚至是个人无法选择的。可是，身材却不一样，它完全可以通过后天的努力达成自己理想的模样。从整体美的角度来说，女性拥有一副好身材，其实比容貌更胜一筹，它甚至可以弥补容貌的不足。

很多人都经历过或是听说过这样的时刻：读书时的班花、校花，正值青春芳华，长着一张清纯略带娇羞的脸庞，有着亭亭玉立的好身材，让不少男生们心动，也让不少女生们嫉妒。然而，十几二十年后，同学再聚首，当年的班花、校花已经是一副不敢叫人相认的样子，身材走样、不修边幅、言辞间也多了些许世俗气息……刹那间，男同学们的所有幻想都被打破，感叹着“相见不如怀念”；女同学们所有的嫉妒都化为乌有，感叹着“她已经变得如此油腻，还有什么不能‘原谅’的”。

当然，现实中也有这样的片段：当年不起眼的女生，在岁月的打磨中，凭借着自己的努力，变成了优雅美丽的白天鹅；抑或当年就很美丽的女生，并没有随着年龄的增加，而徒增岁月的痕迹和臃肿的赘肉，反倒是比从前更多了几分韵味。

依靠着青春的气息，天生的容貌，美丽一阵子是不难的。真正难的是，永远保持“今天比昨天更美一点”的状态。无论是身材、容貌、气质，能做到越来越美、长期好看的女人，凭借的绝不是什么天生的幸运，而是自律和坚定。

自律是很多事情的成败关键，却并不是所有人都能够拥有的。《少有人走的路》一书的作者 M·斯科特·派克用一句话来概括自律：“对自我价值的认可是自律的基础，因为当一个人觉得自己很有价值时，就会采取一切必要的措施来照顾自己。”

自律的本质，其实是爱自己。在保持身材这件事上，没有人会逼迫你做什么、不做什么，一切全靠自控、自信和自爱。

哪怕偶尔会觉得不够理想，也不会自暴自弃地随它去，而是有底气跟镜子里的自己说一句：“慢慢来，一定能变成自己想要的样子”“你本就很好，不能让自己变胖，要变得更好。”

保持身材是女人一辈子的功课，也是女人能给自己的最大的安全感。不用再在同学聚会的前一周疯狂节食，不用害怕突然遇到前任，不用胆怯地走在人群中，不用担心买衣服时其他同性瞥见自己的“游泳圈”，你平日里所有的汗水和努力，都会在那一刻，成为你傲娇的资本和最强大的底气。

自律是对自己、对生活的爱

谁也阻挡不了时间的脚步，新陈代谢变慢是正常的规律，白发和皱纹也可能会慢慢找上门，但那不是放弃美丽和好身材的理由。

你看60岁的女作家严歌苓，依然身姿挺拔，容颜美丽；你看越来越有味道的陈冲，演技和气质都在成正比地提升。在岁月面前，她们的美好并没有褪色，而在这份美好的背后，又藏着鲜为人知的自律。

也许你会觉得，那些出现在荧屏上的魅力女性，距离我们的生活有些遥远。其实，就算把目光收回到现实，依然有很多在蜕变中成就自己、保持美丽的典范。

看到维维十年前的照片，我真的不敢相信，那个看起来又黑又壮、留着短发的女孩，和眼前这个皮肤通透、黑长直发、气质温婉、身材高挑的轻熟女，竟是同一个人。可当我得知，她这十年里所做之事后，也就自然而然地理解了。

· 每天坚持6点起床，做40 ~ 50分钟的运动，生理期休息

· 一日三餐尽量亲自下厨制作，少油少盐少糖

· 任何美食摆在眼前，都只吃到七八分饱就放下筷子

· 不喝碳酸饮料、含糖饮料，咖啡适量，绿茶相伴

· 补水面膜每天一片，不用多贵，重在坚持

· 晚上 10 点准时上床睡觉，不熬夜

· 减少无效社交，给自己留出增值的时间，读书或学习其他课程

如果只是一天做到这些事并不难，可要十年如一日，却不是靠三分钟的热度就行的，而是靠严格的自律。特别是刚开始的阶段，维维都是咬着牙过来的，经常会有“两个自己”在打架，一个想偷懒的自己，一个想变好的自己。有时，一个人在跑步机上气喘吁吁地流汗时，也会感到莫名的孤独，可再想到大学时代那个又黑又壮的形象，简直摧毁了她作为女生所有的自信时，她就告诫自己要坚持。

维维就这样寂寞地跑着，突然有一天，身体里的“两个自己”不再吵架了，她也不会再为“运不运动”“要不要多吃一点”而纠结，所有的坚持都成了一种习惯。在日积月累的自律之下，她开始感到满足，十年来的每一滴汗水、每一次奔跑，已经回馈了她无比珍贵的礼物，那就是越来越好的自己。

村上春树说：“肉体是每个人的神殿，不管里边供奉的是什么，都应好好保持它的强韧、美丽和清洁。”不要小看任何一个能长期保持美丽的女性，她们的好容貌、好身材里，都藏着极强的自律。她们已用心领悟，修炼一副好看的“皮囊”，不只是为了别人看自己的目光，更是对自己、对生活的真切热爱。

第05课 细节

小动作有伤气质

多年前播出偶像剧《流星花园》中，优雅娴静的静学姐对杂草女孩杉菜说："一个女孩子要时时刻刻把自己打扮得漂漂亮亮，因为说不定哪个时候就能碰见自己的白马王子。"

没错，优雅不只是得体的妆容，不只是约会时的刻意装扮，它该是一种对待生活的态度，一种对自己负责的坚持，一种涵盖在微小之处的精致。细节是最能反映一个人本质的东西，优雅的女性常常不是在学识、容貌上有多大的优势，而是在细微之处显出自己的与众不同。

在日本某女子大学授课多年的老教授，细致观察了一些女性的行为举止之后，得出这样的结论：与男性相比，女性更习惯做一些下意识的小动作，特别是当她内心不安、犹豫不决或不自信的时候，而这无疑将直接影响她给人的印象。

那么，生活中有哪些不起眼的小动作，会损伤女人的气质呢？

·小动作 1：捂嘴

有些女性不小心说错了话，立马就会下意识地捂嘴。虽然这能够突显出诚实的一面，但用手捂住嘴的动作，却会让听者感觉你的话中有不真实的成分，从而破坏形象，丧失他人的信任。同时，这个动作看起来也不够落落大方，实在有伤大雅。

·小动作 2：摸耳朵

有些女性不太擅长语言表达，经常会在交谈的过程中摸耳朵，这个不起眼的小动作，往往会给人一种“你的话我不相信”或者“我还要考虑一下”的感受，透着一种拿不定主意的迟疑感，缺少坚定。

·小动作 3：双手互绞

如果一位女性在跟你聊天时，总是不停地互绞双手，你会有什么感觉？你大概会觉得，这个女人有点儿胆小怯懦，没见过什么世面，紧张不安，缺乏自信。事实，也正是如此。这个小动作隐含的心理语言是：“啊，我会不会搞砸？该怎么办？”给人一种怯懦自卑感，缺少积极正向的能量。

·小动作 4：脖子前倾

脖子前倾会让人看起来特别没精神，精神颓靡，气质全无。导致这一习惯的原因有很多，可能是过于紧张，也可能是整体上力量不均衡。脖子前倾就像一根弹簧，你从前面拉，它就会前倾，紧张的肌肉就是那股拉力。

要改善这个动作，需要戒掉一些坏习惯，比如低头玩手机、睡觉枕太高的枕头、半趴在办公桌上工作，这些都会导致脖子前倾。最简单有效的一个训练方式，就是靠墙站立，这能够有效地帮助身形不好的女性矫正身姿、提升气质。

如果你也有上述的这些小动作，哪怕是只有一两个，也要注意了，它们真的会拉低你的气质。想把自己打造成优雅的女性，离不开自控力，多提醒自己、多做一些刻意练习，收起那些有伤大雅的小动作，不要因为它们而失礼于人前。

细微处的优雅最动人

每每提到优雅，很多人都会想到法国女人。她们精心打扮、悠闲漫步在石阶小径，喝花神咖啡、听法国香颂，哪怕身上穷得只剩下一个法郎，也会选择为自己买一枝玫瑰花，时时刻刻保持一份美丽的姿态。

弗朗西斯科·奥吉尔是一位法国女人，她30岁的时候下岗了，并且离了婚，可她总是身着得体——宽松外套、红色短裙和一顶钟形帽，并且配以适宜的妆容，举手投足间尽显优雅，并不时地朝人微微一笑。

她说："紧张快速的生活节奏已经不允许有优雅的生存空间了，为赶时间很多女人只能在拥挤的公车或地铁上大口大口地啃手里的汉堡而顾不上任何不雅，但是我不会，我宁愿端坐桌前，举止文雅地一小片一小片撕好手中的面包，再从容地放进嘴里。"

弗朗西斯科·奥吉尔已经50多岁了，但举止优雅的她浑身上下依然散发出迷人的气质，“我的祖母经常告诉我，‘永远都不要忽视你自己，在任何一个细微的地方都不容懈怠’。”弗朗西斯科·奥吉尔笑着说道，并且做了一个从头部扫到脚趾的动作。

真正的优雅，不是体现在那些多么宏大气派、被众人瞩目的场合中，而是藏在鲜为人知的细枝末节里，前者多半是给别人看的“秀”，后者却是刻在骨子里的态度。那么，有哪些日常的细节，是值得女性特别注意的呢?

·美丽从“头”开始

某资深美发师说过：“皮肤并不是人体最脆弱的部分，最脆弱的恰恰是大家不引起重视的头发。岁月的流逝和不合理的护理，都会加剧头发的老化，使其失去原有的光泽。”发质一旦严重受损，想要恢复就不是一朝一夕的事情，因此做好防护最重要。

洗头时要把洗发液搓出泡沫再放到头发上，同时轻柔地按摩头部，这样能将头发洗得更干净，还能促进头部的血液循环。洗完过后，再用护发素洗一次，做好保养。适时剪掉发梢已经干枯坏死的头发，以利于头发的继续生长。

·选择优质合体的内衣

多数女性都很在意外衣的款式和质量，却鲜少为内衣投入大成本。殊不知，内衣于女人也是有不少讲究的。追求品质的女性，不仅重视内衣的质感和样式，更重视它对健康的呵护。出席不同的场合，搭配不同的衣服，在内衣方面也是有选择的。如果是参加晚宴和派对，就需要能够塑造完美曲线而又不露痕迹的内衣，让内衣与礼服完美融合。

·在暗地里化妆或补妆

有些女士会在餐厅或其他公共场合对镜补妆，重视妆容的态度值得赞许，但方式欠妥。要化妆或补妆，应尽量避开人。如果是在工作时间和工作场合补妆，这会显得自己对工作不够专心；当着不熟悉的异性补妆，会给人一种不够端庄之感。

·恰当地使用手机

手机是现代人必不可少的通信工具，如何在使用手机的过程中展示优雅的形象，也是女人不可小觑的问题。接打电话时要注意说话的声调和语调，不要影响到周围的人，更不要对着话筒大吼大叫，无论什么原因，都会显得缺少修养。

·时刻保持从容

小说《玫瑰门》中，女主人公司漪文在被人抄家的时候，依然不忘保持自己的形象。女作家铁凝在描述这一情节时这样写道：“院里突然响起一片杂沓的脚步声，红的绿的影子在窗外走马灯似的晃动。司猗纹连忙放下手中的半块点心，飞速用毛巾抻抻嘴擦擦牙就推开了屋门。”没有大喊大叫，没有歇斯底里，而是在最紧要的关头，还用毛巾擦干净自己的嘴角，以免残渣遗留在牙齿和嘴角。

一个不经意的细节，往往能够反映出一个女人最深层次的修养。优雅不是轻易就能够修炼出来的，但却是最值得努力去实现的目标，因为追求优雅的过程，就是完善自我的过程。

Chapter 2

有品的
格调

第 06 课
衣装

穿对，胜过于穿贵

见过太多渴望美丽的女性，目光总在盯着当季最流行的衣服，试图用它们彰显自己的时尚品位；还有些女性眼光很高，哪怕要攒上一个月的工资，也得买一身大牌，以此来向世界宣告自己的与众不同。

可惜，真正的优雅，从来不用靠名牌服装撑门面，也不用靠跟风去突显品味。怎样才是优雅呢？有一篇名为《如法国女人一般优雅地变老》的文章，开头便这样写道——

“她随着脑海中的旋律，在街道上迈着华尔兹舞步，并不时地朝过往行人微微一笑。每当看到她，我都走到马路另一边，不去阻挡她的脚步。她总是身着得体而旧式的衣服——宽松外套、红色短裙和一顶钟形帽，并且配以适宜的妆容，举手投足间尽显优雅。”

读这段话时，你的脑海里浮现出的画面，想必也是一个努力让自己保持完美状态、优雅从容的女性形象，至于她身上那件“旧式的衣服”，不会成为拉分的因素，也不会让人感到寒酸，或是不体面，反倒觉得那身装扮就是她本来的样子。

皮克·菲尔在《气场》一书中，曾给出这样一条建议，“不管是出席会议，还是参加普通交际活动、酒会、商务会谈，都要将自己认真地收拾一番，换一身最合适的衣服，以最贴切的形象出场，这是我们都必须做的功课。”

请注意，他说的是“换一身最合适的衣服，以最贴切的形象出场”，这句话意味着什么呢？一个人的气质和风格，是由服装的气韵、款型、质地、色彩，以及穿衣者的文化素养、精神面貌、着装环境等多种因素糅合在一起、表现出来的一种意境。

撒切尔夫人是英国第一位女首相，她对别人的衣着毫不介意，但对自己的衣着要求非常苛刻。每个星期五下午，她去参加政治活动时，都会戴上一顶老式小帽，蓬松的发式、大领片、厚垫肩的西装外套，脚蹬老式皮鞋，腋下夹着一只手提包。

曾有人打趣说，她这样的打扮过于深沉老气，可撒切尔夫人却有自己独到的见解：这样的打扮整洁、朴素，显得持重老练，能在政治活动中取得别人的信任，建立起威信。

虽然撒切尔夫人早已退下权力舞台，属于她的政权时代已经远去，可值得欣慰的是，“撒切尔夫人风格”并没有随之消散，她依然保留着自己的着装风格。“我平常就穿这些，我永远不会买一件休闲款式的衣服。”她苍老、消瘦，却回答得斩钉截铁，显露出她对唐宁街的某种依恋之情。

上世纪 80 年代，许多设计师将撒切尔夫人的服装搭配搬到了 T 台上。在 1987 年的皇家行军旗敬礼分列式上，克劳福德曾对撒切尔夫人的丈夫丹尼斯说："今天首相的气度看起来是如此难以置信。"丹尼斯爵士回答："35 年来她都是如此。"

撒切尔夫人的穿衣风格，从来都不是最时尚的，但却是与她本身的气质最相符的。作为政坛上的"铁娘子"，她需要用衣着表示出自己那份坚毅和刚强。

芸芸之中的女性，在面对变幻莫测的众多服饰时，也当学习"铁娘子"的原则：不求最时尚，不求多昂贵，但求最适合自己。当你穿着最贴切的衣服，穿出自我的风格，以最贴切的形象出场时，你也就从外到内地散发出真实而舒适的美。

服装的选择与搭配

对多数女性来说，最喜欢的那件衣服，似乎永远都在商场的衣橱。无论之前买过多少件衣服，打开衣橱的一瞬间，还是觉得"缺少一件衣服"。面对这样的窘境，有没有什么办法能改善呢？其实，这就牵涉到了服装选择与搭配的问题。

2010 年，英国举办了"女王的一年"服饰展，当大家看到伊丽莎白二世的那些服装时，都显得异常惊讶。这份惊讶，倒不是因为女王的衣服多么稀奇古怪，而是她穿的衣服都太过正常了，甚至比常人平日里穿的款式还要保守。但是，令人感慨的是，那些衣服无论怎么看，都不会让人感到过时，且品位十足。

为什么女王的衣服，能突显出这样的“魔力”呢？有人总结了三个重要因素，而这也是我们日常选择衣服的一个“指南针”。在接下来的日子里，大家不妨借鉴一下这些方法，看看所选择的衣服是否能够帮助自己摆脱“无衣可穿”的烦恼。

· 选择基本款，持久不过时

女王几乎不会穿那些引领时尚潮流的衣服，她的衣服大都是“基本款”，如直筒过膝裙、简洁的晚礼服、纯色羊绒衫等，没有超短裙和亮色漆皮上衣，抑或是蓬蓬裙。

建议女性朋友，购买一些优质的基本款衣服，这些衣服简洁耐穿，能跟任何款式的新潮服饰搭配，且永远不会过时。同时，再根据个人的喜好和需求，选择一些适合自己的其他款式的衣服，这些衣服有时并不需要花大价钱，有了高品质的基本款，你会发现基本款之间可以互相搭配，这些基本款与其他款式的衣服相结合，又能变化出无数的混搭风格。

· 避开花哨的颜色

优雅的女性，很少会穿戴过于花哨的衣物。其实，仔细观察历史上的官窑瓷器，你也会发现它们大都是素淡高洁的，而水墨丹青则讲究舒朗清雅的意境。那些极度艳丽与不和谐颜色的服装搭配，只适合在舞台上表演，而不适用于现实生活。

优雅的女性，内心和思想细腻而丰富，反映在形象上就要尽量避开颜色过于花哨、反差强烈、款式繁杂但缺乏精致细节的衣服。这类衣服容易暴露搭配不到位的尴尬，看上去略显俗艳。相比之下，内敛的款式和颜色，更具知性美。就如时尚大师可可·香奈儿所说："白色永远不死，黑色不可或缺，米色永远知性。"

·面料凸显着档次

衣服的质地是凸显气质的关键，建议多选择像纯棉、亚麻、针织等材质的衣服，它们通常能让人显得高贵、端庄，至于尼龙、纱质的衣服，要慎重选择。

说完了如何选择衣服，接下来就要谈谈如何搭配了。每个人都是被上帝咬了一口的苹果，不可能是完美的，但即便身材不够理想，我们的形象依然是可以塑造和改变的，关键就在于把衣服搭配好，让衣服去衬托自身的亮点。

在服装搭配上，无论选择什么款式，出席什么场合，有三点是必不可少的：

·干净整洁

服饰要干净合体，全身整齐有致。穿着褴褛肮脏的女人，给人感觉总是消极颓废的；穿着整洁的女人总能够散发出强大的气场，给人积极向上的感觉，毋庸置疑她们总是受欢迎的。

·协调得体

衣服要与人的体形、肤色以及地点场合等和谐，比如旗袍穿在身材匀称或修长的淑女身上，可增强美感；而着于矮胖型的女性身上则更暴露其缺点；在静诺肃穆的办公室里要以简洁清雅为主，如果穿一套随意性极强的休闲装，则人境两不宜。

·符合个性

可可·香奈儿曾说："你可以穿不起香奈儿，你也可以没有多少衣服供选择，但永远别忘记一件最重要的衣服，这件衣服叫‘自我’。”

穿衣打扮不必盲目追求时髦，应该深入地了解自我，让服装尽显自己的个性风采。如果穿上 Max Mara 的双排扣厚毛呢短外套、Gucci 拉链长裤，或是 Prada 时髦的超短衬衫，让你感到不是在做自己，那么果断放弃吧！

第 07 课
配饰

魅力的点睛之笔

配饰，看似小小的不起眼，却是女人魅力的点睛之笔。

一件好衣服，固然很吸引人，但未必能让你在人前大放光彩。配饰却不同，它有一种不可抵挡的细微魅力，能把衣服的美、女人的气质，瞬间衬托出来。

美国街拍女星妮可·里奇身高只有 155 公分，相貌算不上特别出色，可她却被称为时尚代表，多次被美国、英国等著名时尚媒体评选为“最佳穿着女星”，是众多潮人的效仿对象，甚至女明星们都对其称赞不绝。

如果你看过妮可·里奇的街拍照，就会发现几乎每一张照片中的她都带着一副大大的墨镜，因为各式各色的超大墨镜，就是她的秘密武器。妮可·里奇称，她目前拥有的各种款式的太阳镜已经超过 200 副了。

配饰是每一个女性都不可或缺的“道具”，不能奢望一双鞋、一个包、一串项链通杀所有衣服，那样会让你显得不够精致。通常来说，佩饰可以分为三类：

· 首饰

泛指全身的小型装饰品，包括耳坠、项链、手镯、戒指、发卡、头簪等。在现代生活中，眼镜、手表、胸花、发带之类也延伸到首饰系列里。

· 衣饰

泛指项巾、领带、腰带、头巾、披肩、纽扣等，它们的艺术魅力主要来源于色彩、图案、质料或造型，能产生多种艺术效果。

· 携带物

泛指挎包、提包、雨伞、扇子、墨镜之类，如今这些实用性的物品，正日益起着不能忽略的装饰作用，带来了意想不到的艺术情趣。

配饰和穿衣一样，要在纷繁复杂的配饰中选择最适合自己的，并恰到好处地驾驭它们，并不是随意之事。掌握一些必要的技巧，才能呈现出“画龙点睛”的目的。

· 选择与自己相配的饰品

挑选配饰，要考虑佩饰的点、线、面是否与自身的肤色、体形相配。中国女性的肤色通常偏黄，适宜佩戴暖色调的珠宝首饰，可选用红色、橘黄色的宝石（如红宝石、石榴石、黄晶等），这样可衬托出黄皮肤人的秀丽和文雅。

颈长的女士以长而直的发型，衬一对长链子耳环，凸显柔和婀娜的气场；颈项粗短的人，佩戴细长有坠子的项链会增色；短发而脸圆的女士，卵形或长菱形的耳环，凸显可爱气场；梳辫子的女性，悬垂式钻石耳环，凸显神气；梳盘发或马尾式发型的女士，选择彩色的大型耳环，更显亮丽气质。

· 懂得配饰的隐喻意义

珠宝、金银配饰等配饰都具有较强的隐喻意义，它们的价值和光泽隐喻了富有、华丽；象牙、石质、木质饰品有较强的厚度感、质感和温度感；水晶、玻璃等饰品则有透明、明快、纯洁以及清凉感。

通常来说，隆重的社交场合要佩戴高档的饰品，廉价的饰品一般在日常生活中佩戴。不过，有时也可进行巧妙搭配。比如，用高档的配饰配普通的服装，可提高服装的品质；将高品质的服装与低价格的搭配，可提高配饰的品质。如此，给人的感觉不柔不硬，恰到好处。

· 饰品风格统一，数量适中

饰品之间的风格，颜色、质地要统一，佩戴时要根据场合的隆重与否来决定饰品的数量，也要参考当季的流行。参加开幕典礼、剪彩、庆祝酒会等场合，可以将项链、耳环、胸针等全部戴上；出席商务酒会，或是平时的办公着装，耳环和胸针就足够了；穿晚礼服时，佩戴一条当下流行硕大无比的项链就足够了，耳环等饰物完全可以免掉，简单大方更显高贵；当然，如果你选择只戴一副流苏长耳环，那么头颈周围可以不用再有其他饰品。

· 佩戴合适的部位

胸针，千万不能别在胸部的位置，而是要戴在锁骨的下面，这样气场会被提升许多，人也会显得很挺拔。不信的话，你可以自己对着镜子比较一下。

很多饰品都是如此，再以手镯为例，如果只戴一个，应该戴在左手上：如果是两个，分别戴在左右手上；如果是戴三个或三个以上的手镯（比较少见），则应该全部戴在左手上，切不可分别戴在两只手上。

不要小看配饰的效用，它不仅仅是一种装饰和点缀，更重要的是它有调整平衡、烘托装扮的用途，能够凸显和谐、均衡、对比、互补的美化效果。

第 08 课
芳香

香水中散发着能量

芳香，一种神奇的东西，始终让女人着迷。在过去的很多年，女人对于芳香的概念，大都停留在一种散发着魅力和性感的香水气息上，而今它已经不再是单纯的香气，而是一种能够放松身心的疗愈好物。

现代不少白领女性都体验过芳香疗法，此领域的专家臧芬远这样描述现代芳香的效用："它能够增加人的能量气场，你不是你，而是扩大的、多出好几公分的你，你的周身会散发出彩虹般的光芒，那就是你的气场，香水会为你增加能量。"

我们着重谈谈香水吧！女人精致的妆容与得体的服饰，无疑能给人留下好印象，若是再多一些若有若无的香味，更能体现出独特的味道。香水和女人身上一切有形的服饰、妆容、佩件都不一样，它无形地、幽幽地萦绕于身，能将人带入不同的心境——自信、魅力、浪漫与优雅；它的美丽看不到、听不到，只能意会，也因此才会有“闻香识女人”的意境。

每个女人都会和某一种香气契合，这犹如人与人之间的相遇，需要缘分和机遇。换而言之，香水的运用需要与自我的气质浑然一体或相互补充，才能体现出独特的个人的韵味，这是使用香水的最高境界。想成为有香气的女人，充分让芳香发挥出魔性，有些原则是需要深谙于心的。

· 选择与己相配的香水

市场上的每一款知名香水，几乎都有其专属代言人。其实，在筛选代言者时，也是要遵循吻合原则的。比如，雅诗兰黛璀璨香水，装载着突显红色激情活力的藏红花，与代表兰蔻品牌精神的玫瑰作调香，传达着青春的活力，它的代言人是美国电影和舞台剧演员安妮·海瑟薇。她那灿烂明媚的笑容，带有一点点的调皮可爱的气质，与这款香水要传递的内涵相得益彰，而安妮·海瑟薇的美更为这瓶红色迷情添加了时尚魅力。

我们在选择香水的时候，也要使自身的性格、气质与香水的气味相吻合。

如果你内向坚强、谨慎小心、喜好安静，树木、乙醛、东方香等温婉迷人的香水，会让你的浪漫温婉倾情而出。

如果你聪明理智，独立能干，丁香、檀香、玫瑰香型香水，步履穿梭间轻洒幽香，时刻让你成为焦点，魅力大增。

如果你简洁明朗，纯情文艺，纯净、透明的质感以及甜蜜的水果香型香水，香气若隐若现，能诱发无穷幻想。

如果你活泼可爱，热情爽朗，曼陀罗花、香子小雯、柑橘调、甜香调等花香型香水，娇而不媚、烈而不浓最适合你。

· 区别不同香水的使用方式

不同的香水，在使用上要有所区别。优雅的味道，永远都是淡淡的，令人回味。当一位女性从他人身边走过，浓郁的香水味让人感到呛鼻，即便她用的是奢华昂贵的高档香水，也无法让人把她与高贵典雅联系在一起，甚至还会觉得很俗气。

香水在使用时，要遵照香精以“点”，香水以“线”，淡香水以“面”的方式。

香精的味道非常浓烈，只要一点就可以长时间地保持芬芳。比香精浓度较低的香水，则适合以“线”的方式洒在身上的某个或者某些地方。如果是淡香水，由于本身的香气若有若无的，因而大面积使用也无妨。

在喷洒香水的方法上，可先将香水沾在手腕上，再移往另一手的手腕，再从手腕移至耳背、发际、胸部，然后擦在所有的部位上，活动时香气会均匀地往外扩散，香气圆润又舒适，既持久又淡雅。当然，还可以适当地喷在衣服边缘，如擦在裙摆，走动时香味随着肢体的摆动，摇曳生香。

· 用对时间、地点、场合

要让香水发挥预期的效用，就必须在正确的时间、正确的场合和正确的地点用对香水。比如，到医院探望病人，浑身散发着浓烈的香水味，很有可能会引起病人的不适，这样做是有失礼仪的。有一些场合对香水的要求很严，如在办公室上班时，或是出席重要的会议时，适宜的香水会令整个人显得神采奕奕，提升印象分，但如果香味过于浓烈，就适得其反了。

在使用香水时，有些细节需要注意：香水中含有的有机物会腐蚀金属饰品，如果要佩戴首饰的话，一定要在用完香水后再戴，不能直接将香水洒在首饰上。总之，想成为一个优雅有气质的女性，任何一个细节都不容忽视，唯有足够精致，才能铸就极致。

第 09 课
高跟鞋

穿好一双高跟鞋

玛丽莲·梦露曾说：“给女孩一双对的鞋，她就可以征服世界。”

哲学家和物质狂都认为，鞋子就像艺术品一样值得被收藏。菲律宾前第一夫人伊梅尔达收藏了 3000 多双鞋，《欲望都市》的女主角 Carrie Bradshaw 因为狂购美鞋而入不敷出。20 世纪法国著名哲学家乔治·巴塔耶曾经奚落道，艺术家们对一幅毕加索作品的热爱，就好比物质崇拜者们对一双美鞋的热爱。

如果在万千鞋子中，只能选择一双最具有美感和征服力的鞋，非高跟鞋莫属。高跟鞋似乎生来就有一种特殊的魔力，能使一个女人完全地灵动起来，把身体拉得修长，散发出性感、妩媚的气息，彰显出女性特有的美。

大多数女性都知道，穿平底鞋和穿高跟鞋走路的感觉，是完全不一样的。“高跟鞋之王”马诺洛·伯拉尼克描绘得很真切：“人就应该穿上高跟鞋，一双真正的高跟鞋，要能在舒适、品质和款式之间找到平衡点，进而从背影能看出腿部曲线的性感优美，女人就能变女神。”

就算一个女人没有维密天使般的身材，可只要她穿上一双能彰显个人气质的高跟鞋，配合相宜的服饰，气质立刻会得到提升，散发出的自信与风韵也是一目了然。就只是一双高跟鞋，却可以让女人离优雅更近一步。

高跟鞋的魅力毋庸赘言，但能把高跟鞋的优雅穿出来，却也不是每个女人都能做到的。我们在生活中，经常会看到一些“弄巧成拙”的情形，那画面想起来也着实令人窘迫。

“我看见一个女人站在商场的货架旁边选物品，她双腿修长，且十分笔直，穿着一条直筒裙，踩着一双10厘米的高跟鞋。静态下的她，真的很惹眼，过往的人无论是同性还是异性，都忍不住欣赏她的气质。可是，当她选完东西，迈步离开货架时，她给我的那个美好印象，瞬间瓦解了。我真的不敢相信，走起路来的她，跟刚刚静态下的她，是同一个人。她走路时膝盖关节是弯的，就像在上台阶一样，踩着高跟鞋一跳一跳地往前走……”

如果一个女人穿上高跟鞋，走路时总担心崴脚，忍不住踮起脚尖、加紧膝盖，以内八字的姿态快速地往前走，还得不时地留意脚下，以免摔倒；又或者，穿上高跟鞋时，感觉无法站直，总是弯着腰，弓着臀部，那还不如穿平底鞋来得自然，至少不用在众目睽睽下，给自己的气质和形象拉低分值。

想穿好高跟鞋，姿态是重要的必修课。在无法驾驭高跟鞋之前，不妨多在私下练习，去适应穿高跟鞋的正确走姿——抬头、抬起头，腰挺直，不摇晃肩膀和上半身，膝关节用力，跨步均匀，两脚之间的距离为一只脚到一只半脚之间。两手前后自然协调摆动，手臂与身体之间的夹角保持在 10°~15°，两脚尽量走一条直线。走路时尽量把脚抬高一点，提臀送胯，用大腿的力量带着小腿和脚向前迈进，踩在地上发出清脆利落的声音，这样也能体现出精气十足、热情洋溢的气场。

在选择高跟鞋时，要兼顾美观和舒适。通常来说，5~7 厘米是最受欢迎、最安全的美丽高度，穿起来既不会摇摇欲坠，又显得颇为优雅，能产生高挑挺拔之效，特别是 5.5 厘米的鞋跟，性感、易行走，就算是偶尔需要狂奔的时候，也能够轻松驾驭。

第10课 本色

不成为自己以外的任何人

衣着打扮，香水配饰，都能为女性的气质画龙点睛。然而，它们都建立在一个前提下，那就是——我穿我所是。真正的优雅与格调，是骨子里的真实流露，而不是外在的浮华表象。想穿出格调，秀出品位，就要认识并接纳自己的本色，而不是去成为自己以外的任何人。

《泰坦尼克号》里的女主角凯特，曾劝解很多年轻女性，一定要学会对自己感到满意，不管电影和杂志在对你施加怎样无形的压力和错误的引导。

凯特何出此言呢？这是因为作为圈内人的她，更清楚一些事情的真相。比如，出现在每一期杂志封面上的女模特或者女演员，都是经过一番长时间的浓妆艳抹，她们的头发经过专业发型师两个多小时的打理，才能营造出完美有型的空气感，她们必须一直屏气收腹，让头保持在某个高度和角度上，下巴上的赘肉和皱纹才不会“露馅”。

此前，凯特在某期电视节目中看到，一个女孩为了让自己看上去像凯特而整容。起初，凯特只是抱着好奇的心理去看，但看了几分钟之后，她竟然哭了。她实在想象不出，那女孩究竟受了多少罪。整容女孩收集了所有以凯特做封面的杂志，也看了所有凯特出演的影片，她希望自己看上去像凯特，有一对丰满的乳房，为此她还傻傻地切除了自己的一部分胃。

凯特说：“她只是被这些杂志和电影呈现出来我的完美形象深深地误导了。当你哺育过孩子，随着岁月的流逝，在地球引力的作用下，你的胸部就会变得松弛，然后不断下垂。这是发生在女性身上的自然规律。如果她走进我的寓所，我会把所有的感觉告诉她，并且让她站在那儿别动，然后我将衣服脱下，告诉她——真实的我，没有又翘又圆的臀部，也没有既丰满又高耸的乳房，更没有平坦的小腹。我的臀部和大腿上堆积着很多脂肪，这才是真正的我。”

世界上最糟糕的心理毛病，就是打从心底想成为另一个人。好莱坞导演山姆·伍德坦言，他在教导新演员拍戏的时候，最头痛的就是如何让演员表现出自己的风格。那些新演员们的心里，只想着成为第二个谁谁谁，而不是他自己。即便真的想要成为第二个谁，外表和装扮通过包装与之相近，但一个人的气场如何能够模仿得来呢？

每个人都是独一无二的，你不“像”任何一个人，也无法变得“像”某一个人，也没有人有权利要求你“像”某一个人。女演员索菲亚·罗兰向来秉承个性，她说：“自从开始从影，我就出于自然的本能，知道什么样的化妆、发型、衣服和保健最适合我。我谁也不模仿。我从不去奴隶似的跟着时尚走。”

每一个生命都以独特的姿态存在着，吸引人是一个仁者见仁、智者见智的问题。你就是你，没有人能够代替你，你也无法替代别人。当你深知这一点，并能够秉承个性去装扮自己的形象时，自然就会呈现出独特的美。

尊重本性，活出真实的样子

克里希那穆提说：“你看，一朵百合或是一朵玫瑰，它是从来不假装的，它的美就在于它就是它本来的样子。”人的美与花的美相似，可惜世间许多女子并没有读懂。

她们喜欢把眼光投向外界，追逐自己所想象的那些美好的事物，而忽略自己的本性。有时，甚至还会被外界的东西牵绊，不得不伪装自己，改变自己，到最后迷失自己。特别是新闻里频繁曝出，多少年轻女孩因整容失败痛不欲生时，更是令人唏嘘不已。

其实，人生最美好的礼物，就是活出真实的自己。

也许你会问，怎样才算是活出了真实的自己呢？

高兴了你就笑，难过了你就哭，按照自己的方式生活，不企图变成任何人，接纳不完美的自我。这就是活得真实。超级名模萨沙没有出道时，有人问她：“你最想成为谁？谁是你的偶像？”萨沙十分笃定地说：“我没有偶像，至少现在没有。我了解我自己，我就做我自己。”这，就是活得真实的一种体现。

女人早就该懂得一个道理：幸福的人生，就是要保持本色的生活，尊重自己的原本。有缺点不要紧，但别刻意为了改变而改变。当然，要活出一份真实，就要从内心深处重视自己，看清楚自己的价值，珍爱与众不同的自己。

很多看过日剧《凪的新生活》的朋友，都对女主大岛凪印象深刻，甚至表示在她身上瞥见了自己的影子。一直以来，大岛凪为了让自己合群，总在刻意迎合周围的人。原本，她有一头蓬松可爱的自来卷，可因为担心别人说这样的发型不好看，她每天要花费很大力气把头发拉直；在工作中，有同事请求她帮忙，她从来都不好意思拒绝，哪怕是别人犯了错误，她也会主动站出来背锅。

这么努力地迎合别人，有没有换来想要的结果呢？很遗憾，没有人真正尊重大岛凪，他们反而在背后不停地取笑她。有一次，她目睹自己百般迎合的男友也不把她当回事，竟与别人一起打趣自己，她因受不了刺激晕倒在地。

这次惨痛的经历过后，大岛凪开始反思自己的人生。她不再唯唯诺诺，鼓起勇气辞掉了工作，去了一个陌生的地方，断了跟前同事的所有联络，也不再理会前男友。这是蜕变的开始，但过程没那么顺利，期间有很多情绪的起伏波动，可她还是决定，要按照自己本来样子去活。最后，当她终于能够以真我的姿态面对众人时，原来被众人无视的大岛凪，显得魅力非凡，不只是前男友，就连新邻居也开始对她感到迷恋。

大岛凪的角色和经历，给万千女性提了一个醒：世间的美好不止一种，每个人都是独一无二的，活出本色，活出真实的自己，才能彰显出真正的魅力。恰如爱默生所言："你总有一天会明白，嫉妒是毫无意义的，而模仿他人更是无异于自杀。不论好坏，每个人都必须保持自己的本色。虽然广袤的宇宙中全是美好的东西，但除非他努力耕耘那一块属于自己的土地，否则他绝不会有好的收成。"

Chapter 3

丰盛的灵魂

第 11 课
美好

你当美丽，更当美好

美丽与美好，仅一字之差，却有着天壤之别。无论身处哪个时代，美丽的女人都是络绎不绝的，但并非所有美丽的女人都能称得上美好。

某男士在一家婚恋网站上认识了两名女子，我们姑且将其称为“白玫瑰”和“红玫瑰”。经过一段时间的网络交流后，男士觉得这两位女子都还不错，就提出了见面的请求，希望能在现实中加深了解。

在见面之前，男士对“白玫瑰”的好感更多一些，主要是她的外形姣好，从照片上看很青春，宛若邻家女孩，符合他的审美标准。他约了“白玫瑰”在咖啡厅见面，说好的时间是上午 10 点，可左等右等，到了 11 点，“白玫瑰”也没有露面。男士不好意思催问，就只好焦急地等着，心里也有些懊恼。

到了11点20分，打扮入时的“白玫瑰”终于来了。令男士不解的是，“白玫瑰”似乎对迟到之事不以为然，甚至也没有说一句道歉的话。男士的心，顿时凉了一大截，但他对“白玫瑰”依然抱有幻想，不忍就这样断定她不适合自己。

有些人，越是了解就越喜欢；也有些人，越是靠近却越反感。很遗憾，“白玫瑰”属于后者。她坦白说，自己不会做任何家务，也不想做；对婚姻的设想，提及最多的是房子、婚礼、蜜月；对男士的问询，大都停留在职位和年薪上。“白玫瑰”的脾气似乎也不太好，服务员不经意间的碰触，惹得她一番难听的指责。

其实，“白玫瑰”提及的那些物质性的条件，对男士而言都可以做到，可他做不到的是，与一位华而不实、内里粗糙的女子朝夕相伴一辈子。对“白玫瑰”仅有的那一点好感和幻想，也在那一天彻底破灭。

一周后，男士约见了“红玫瑰”，地点仍然是上次的那间咖啡厅。他的心情较之前平和了许多，也许是因为一开始就对“红玫瑰”的印象淡淡的，也可能是上一次“白玫瑰”的事让他太过失望。然而，当他看到眼前出现的“红玫瑰”时，还是不由得一惊。

照片上的“红玫瑰”看起来相貌平平，可眼前真实的她却宛若一抹青莲，穿着清新简单，却丝毫不流俗。她长得不是很漂亮，可气质却很吸引人。“红玫瑰”大方有礼，颇有学识，对很多问题都有自己的独特见解。两三个小时不知不觉地溜走，男士和“红玫瑰”犹如旧友，畅谈着彼此的人生，以及对未来、对自我的期许。

分别之后，男士横扫了一眼街上匆匆而过的路人，其中不乏打扮入时的年轻女子，可他却觉得，外表闪着亮光的美丽虽能吸引人眼球，却未必经得起推敲，像“红玫瑰”那样的女子，宛若一瓶陈酿的红酒，看似平平常常，却带给人回味无穷的绵长韵味。

美丽，不等于美好；美好，却能铸就美丽。

美丽的女人，如果少了内涵，就如同一只空洞而廉价的花瓶。远远观望，姣好的模样也许能够吸引众人的眼球，可走近之后却再也无法掩饰它的真相——不够精致、不够细腻、不够自然、不够美好，这会让原本有心收藏它、珍爱它的人无奈放弃。

成为彩虹般绚烂的人

“有些人浅薄，金玉其外败絮其中，但总有一天，你会遇到一个如彩虹般绚烂的人，她让你觉得以前遇见的所有都是浮云……”这是美国电影《怦然心动》里的一句台词，也是它想要传递的主旨。

男孩布莱斯最初很讨厌邻家女孩朱莉的友好，一直想摆脱她的纠缠。在他看来，朱莉不如金发的雪莉漂亮，性格也不温柔，总是做一些稀奇古怪的事，比如养鸡、观察小鸡孵化、爬梧桐树、组织伐木工砍树，还被登上了报纸。

直到有一天，布莱斯发现，历经世事、沉默少言的外公，竟然在花园里帮朱莉一起打理花草，两个人有说有笑。虽是外公的至亲，他却从未有过这样的体验，甚至萌生出了一丝嫉妒。他实在想不通：外公为什么要跟这样一个“怪女孩”相处？

至于答案，就在我们开篇时提到的那句台词里。外公已走完人生的一大半，他早已具备了透过表象去看本质的洞察力，就像布莱斯的父亲，看似仪表堂堂，实则道貌岸然，内心无比自私，没有任何的同情心与友善。相比之下，朱莉一家的日子虽贫穷，可家里充满爱的味道，她和家人也都有一颗纯善美好的心。

当朱莉的热情被布莱斯所伤，她毅然决然地与布莱斯拉开距离，逐渐淡出他的视线，安心去过自己的生活。被彻底冷落的布莱斯，此时才发现，朱莉的身上有一份与众不同的美好：她热爱生活，个性独立，相信美好的事物。她的美不只在外表，还有一颗玲珑剔透、柔软善良的心。

任何外表的美丽，少了丰富的内在加以修饰，终究都是不完美的。尘世间有诸多面容姣好的女子，都只是“第一眼美女”，随着了解的深入，那份美就会发生递减效应。倒不是审美疲劳作怪，而是那份美丽犹如一块糖纸，只是看起来漂亮，没有任何值得回味的东西。

林清玄在《生命的化妆》里说过：“三流的化妆是脸上的化妆，二流的化妆是精神的化妆，一流的化妆是生命的化妆。化妆只是最末的一个枝节，它能改变的事实很少。深一层的化妆是改变体质，让一个人改变生活方式。睡眠充足，注意运动与营养，这样她的皮肤会有所改善、精神充足，比化妆有效得多。再深一层的化妆是改变气质，多读书，多欣赏艺术，多思考，对生活乐观，对生命有信心，心地善良，关怀别人，自己爱而有尊严，这样的人就是不化妆也丑不到哪里去，脸上的化妆只是化妆最后的一件小事。”

女人最持久的魅力，不是用口红增添的绚丽，也不是用项链耳环装饰的高贵，更不是靠名牌时装炫耀出的不凡。只是面容姣好，身材迷人，而胸无点墨，言语粗陋，这样的美只能给感官留下短暂的惊鸿一瞥，终究会输给岁月，毕竟人生不可能只如初见。唯有外在的美，配上内在的丰盈，才能化为一本内容丰富的书，不因为时光流逝而被人遗忘；又如泡在紫砂壶里的香茗，融入紫砂的茶杯里，色泽清淡，禁得起细品慢尝。

第12课 教养

比富养更重要的是教养

爱美是女人的天性，为了天使的脸庞与魔鬼的身材，不惜花费重金保养皮肤、添置衣物，并美曰其名为“富养”自己。爱自己任何时候都没错，有条件和能力给自己提供优厚的物质，更是无可厚非。然而，在富养自己外在美的同时，也别忘了富养一下自己的灵魂。

女人的优雅，不只是华服美钻，更不等于香车豪宅。如果单纯地把富和贵联系起来，认为有足够的金钱，买得起昂贵的奢侈品，就是“高贵优雅”了，那真是对优雅的误读。因为这个世界上，富而不贵的人比比皆是。

我们经常会看到，财大气粗的张扬、虚荣尖刻的跋扈、颐指气使的神态，当这些特质淋漓尽致地展现在一个穿着华贵的女性身上时，她已经距离优雅很远了。真正的优雅，无法脱离教养而存在。灵魂的丰盈须与物质的富裕同步，否则，为炫耀的富有实则为贫穷，居高临下的张扬实则很浅薄。没有灵魂的高贵，就无法抵临人生真正的体面。

上海著名的永安公司郭氏家族的四小姐郭婉莹，曾经锦衣玉食，应有尽有。她接受过新时代的高等教育，嫁给了一个两情相悦的人。可惜，命运并没有永远地垂青于他，她经历了丈夫的背叛、家族的没落，从前的荣华富贵全部随风而逝，还要在精神上忍受外界的羞辱。然而，三十多年的磨难并没有让她心怀怨恨，她依然美丽优雅地保持着自尊和骄傲。

当她被迫接受劳改去砸石头时，她淡淡地说："这样有利于保持身材。"当经历了种种磨难和不幸后，她乐观地说："这就像一个核桃，只有敲碎它坚硬的外壳，发出痛苦而清脆的声音，才会散发出内在的清香。"命运改变了她的生活，却从来不曾改变她身上那高贵的品质，那才是真正的贵族精神。

与郭婉莹相比，那些穿着高贵、周身散发着珠光宝气、出入各种高档的场所，旁若无人，只顾把下巴抬得高高的、摆出一副唯我独占巅峰架势的女子，在近距离地接触与沟通后，总会暴露出华而不实的空洞，让人发现其灵魂的浅薄无法与外表相匹配。

教养不是仪式化的、外在的、做给别人看的、符合集体期待的，而是在没有人监督时，依然能保持处世的原则，落落大方、不卑不亢，不张扬、不显摆。灵魂的品质与内心的健全相得益彰，才是真正有底蕴的美。

教养是让别人感觉舒服

教养，看起来简简单单的两个字，蕴含的内容却是两三页纸也讲述不尽的。在面对大事时，教养很容易体现出来，可更多的时候，它其实是藏在细节处的。哪怕是一个平日里习惯掩饰自己的人，也难以逃脱细节的出卖。

朋友M早年在香港读书时，交往过一个女友。刚开始恋爱的阶段，女孩表现得温柔体贴，只是偶尔耍个小脾气。可随着交往的深入，他却看到了女友的另一面。

有一次，两人去逛夜市，走到一个书摊前，他们停下来看书。当时，女友身边站着一个10岁左右的孩子，可能是觉得那孩子来回地找寻想看的书影响到了她，她竟然推了那孩子一下，还嫌恶地瞪了他一眼，平日里的温和全被戾气取代了。

那件事过后，女友在M心中的形象就蒙上了一层阴影。不久后，他向女友提出了分手。M觉得，不是自己太过“苛刻”和“小气”，而是不经意的细节，能反映出一个人深层次的教养。小孩子是弱势群体，更有着难得的纯真，对待孩童都是这样的态度，更何况对待其他人呢？

有教养的女人，会把她的教养贯穿于生命的每时每刻，以及生活的每一个细微之处，是自然而然流露出来的，并用这份温暖和善良去感染他人。卡耐基在《人性的弱点》里讲过：“只为自己着想的人是无药可救的，他们是没有教养的人，无论受过什么样的教育。”

仔细品味卡耐基的这句话，的确能够读出很多东西。接受过优质的教育，上过世界知名的学府，只能代表在学历上是佼佼者，但不能代表个人的教养。之前，在网络上备受谴责的“高铁占座事件”，其主人公也是高学历者，但其教养何在呢？

有教养的女人，心里时刻都会装着他人。她们不是为了他人的目光而活，只是在说话、做事之际，会考虑到他人的感受，如果一句话、一件事会伤害到他人的自尊，那就要斟酌一下，用更加温和、委婉的方式去处理问题，而不是只顾自己痛快，把快意建立在别人的尴尬、痛苦和麻烦之上。

教养，往往体现在很小的地方，带给人的美好却能无限蔓延。比如，说话的时候看着对方的眼睛，而不是左顾右盼，心不在焉；在公共场合说话时，会注意自己的声音和语调，不影响到周围的人；下雨天开车会自动减慢速度，遇到行人主动让一下；外出吃饭时，不管在什么级别的餐厅，都能礼待服务人员……这些细枝末节很不起眼，你重视了它，就很容易给人留下美好的印象；你忽视了它，也会引发他人的极大反感。

教养不是道德规范，不是行为准则，也不与文化程度、经济水平有必然联系。教养，是一种根植于内心的善良，一种能体谅他人处境与习惯的共情。不管出身和背景如何，每个女人都可以努力完善自我，散发出让人舒适的教养和风度。

第13课
尊严

有底气捍卫自己的尊严

不止一个女生说起过，她们在青春时代阅读的第一本名著是《简·爱》，并宣称要成为简那样的姑娘。为什么《简·爱》有如此大的魅力？

或许就是因为，出身卑微的简，在成长的过程中历尽磨难，却从未放弃过自己的尊严。年幼时寄人篱下，面对表哥约翰的虐待和戏弄，她敢怒斥；在寄宿学校里，面对冷酷虚伪的校长，她敢反抗；面对姑表哥圣·约翰的求婚，她敢拒绝，不想嫁给不喜欢的人，更不愿成为男人的附庸；面对真爱罗切斯特，她敢追求，不因自己和对方的身份、地位悬殊而自卑。一副纤纤弱弱的身躯里，蕴藏着令人震撼的力量。

俄国作家陀思妥耶夫斯基说过：“如果你想受人尊敬，那么首要的一点就是你得尊敬你自己。只有这样，只有自我尊敬，你才能赢得别人的尊敬。”

一位中国女留学生，在美国兼职做家政，照顾一位美国老太太的日常起居。没想到，老人对她进行了侮辱和不公正待遇，她提出辞职，又被老人的银行家儿子虐打，造成髌软骨挫伤、脊椎骨错位弯曲、严重脑震荡。

年轻的女留学生不甘受辱，开始状告这个美国银行家。几经周转，才找到一个愿意接纳此案的中国律师。当时，她状告的银行家正在竞选议员，重金聘请了三位大律师，负责此案件的法官多次要求女留学生庭外和解，她坚决不同意。

这场官司足足打了四年，打到了最高巡回法庭。在铁证如山的事实面前，银行家输了。法官最后宣判，被告赔偿原告5250美元，并当场向原告道歉。当银行家向女留学道歉后，她接过律师递上来的那张5250美元的支票，举起支票，当着众人的面说——

“华盛顿的大律师，你们真不愧是法学界的权威。刚刚被告不得不向我公开道歉后，你们又及时地给我递上了这张支票，并且是在法庭上公开地递给我。你们这样做，无非是想营造一种表象：这个中国姑娘之所以坚持要打这场官司，就是为了这张支票，就是为了这几千块钱，让人觉得钱才是这场官司的目的，只有钱才能为这场官司画上句号。你们以为，给我5250美元，我就心满意足了，就会感激涕零吗？

“钱，收买不了我一个小小的中国女子的尊严。我打这场官司，是想告诉那些歧视我们的人，别以为我们漂洋过海到这里来，是来求施舍的，是低人一等的，是没有人格尊严的。不，我们带到这里的是青春和智慧，我们并不比任何人差。”说完，她撕碎了那张支票。

尊严无价，一旦失掉了尊严，做人的价值和乐趣就无从谈起。无论何时何处，女人都要保留独立的人格和自尊。如此，人生的阵地才不会陷落。

尊严是爱情的底线

爱情是一件美好的事，需要付出真心与诚意，但反过来，不是谁付出得多，谁就能成为爱情中的宠儿。真正的爱情以两情相悦为前提，是以各自的尊严为底线。倘若对方不愿意开始这段感情，抑或想要结束这段感情，再痛也请优雅地转身，因为没有一种爱情，是放弃尊严就可以维系的。

电视剧《谁说我结不了婚》中的丁诗雅，是一个善良、漂亮又懂感恩的女子。她一直对自己的老板林中信暗生情愫，而林中信多少也有所觉察，只是揣着明白装糊涂。他一方面在国外开展新的感情，说到底也不算是纯粹的为了感情，而是看中了对方的家世，能在事业上给他助力；但他并没有告诉丁诗雅，他已经在国外注册结婚，让丁诗雅误以为自己还有机会，因而死心塌地地在国内帮他打理美容院的生意。

林中信回国后，丁诗雅知道了真相，可她对这份感情陷得太深，还是不愿醒来。她把自己关在浴室里痛哭，浪费了六年的青春，等来的却是抛弃。待丁诗雅如亲妹妹一般的精英女律师田蕾，看到一副受害者样子的丁诗雅，恨铁不成钢地把她骂了一通。她告诉丁诗雅："人和人之间，如果有长久舒适的关系，靠的是共性和吸引，不是像你现在这个样子一味地付出，道德感式的自我感动。"

这样的一番告诫，依然没有让丁诗雅醒悟。其实，林中信早就清楚丁诗雅对自己的感情，他没有正面拒绝，或做出什么解释，反倒有希望继续暧昧下去的意味。林中信的妻子觉察到，林中信和丁诗雅之间不只是上司和员工那么简单，于是在一次聚会中，故意挑衅，谎称丁诗雅偷了她的手链，当众让丁诗雅打开她的包，以示清白。

这分明就是赤裸裸的羞辱，可林中信却没有阻止，反倒劝丁诗雅把包打开。那一刻，丁诗雅寒心了，也绝望了，她没有想到，自己忠心耿耿地帮他打理生意，却连一丁点的信任都没有得到。她一股脑地把包里所有的东西倒了出来，当然，包里并没有那条手链。

手链事件过后，丁诗雅陷入了痛苦的挣扎中，也开始思索改变。为了手链的事，林中信来向丁诗雅道歉，此时的她已经清醒了很多，说："这件事我已经淡忘了，如果你觉得我做得好，不如给我多加点分红，我准备买台美容机器，已经发出申请到你邮箱了。"

林中信却说："你可以自己做主，不用事事汇报。"丁诗雅没有再相信这样的话，直截了当地说："还是走正常程序比较好，我们毕竟是老板和雇员的关系。"林中信又开始玩起了过去的把戏，声称："我从来不认为我们是老板和雇员的关系。"很显然，这是一种暧昧的暗示，但丁诗雅已经醒来，她不再是那个被爱情冲昏头脑、智商为零的姑娘了。

丁诗雅坦然一笑，说："作为雇主，你很难找到像我这样敬业的员工；作为员工，我也很难找到像你这么大方的老板。所以，我们就是老板和雇员的关系，就是宾主尽欢的关系。"是的，此刻的丁诗雅摆明了自己的态度，也开始为自己的事业和人生做规划，至于她和林中信，关系变得很简单、很明确——各取所需，互不相欠。

感情是很珍贵的东西，要交付给配得上的人。优雅，不只是一颦一笑的美，更蕴含着一份清醒利索的明智。那些无望的爱，那些不切实际的等待，不必过度纠结贪恋，在感动自己之余，留下的只有摧残与折磨。

爱情只存在于平等的关系中，如果只是一个人努力维系、应和讨好，平衡的关系就会发生倾斜。当你丢弃了自己的尊严时，丧失的还有底线与自我，犹如饰演一个低姿态的奴仆，得到的也只是他人的施舍与同情。这样的"爱情"，不要也罢，因为早已变了味道。

第 14 课
学识

读书会升华女人的气质

每个女人大抵都听过“多读书”的劝告，也知道读书有益，却鲜少付诸行动。类似“双・11”这样的节日，花上半个月的工资抢购化妆品和衣服，眼睛都不会眨一下，可要投资 100 元钱买上几本书，却不免感到一阵心疼。

也许，会有这样的心思在作祟：买一件漂亮的衣服穿在身上，光鲜亮丽地走出家门，每个人都能看到，也很容易收获他人艳羡的目光。也许，还有这样的习惯在作祟：读书虽有益，可每次拿起书本就犯困，根本看不进去。

归根结底，这都只是从表象上明白读书有益的道理，却没有从内心真正领悟到实质，更没有切身地体会到读书带来的好处。读书的女人和不读书的女人，差别到底在哪儿呢？

你大概也见过这样的实例：一个是饱读诗书、见多识广、接受过高等教育的知识女性；另一个是生活圈子固定、没有上过什么学、但也喜欢追求时尚的年轻女性。两个人试穿同样一件衣服，呈现出的气质，带给人的感觉，是完全不一样的。

有些女人五官长得很精致，穿衣打扮也很入时，可总是少了一种深邃的底蕴，就好像所有的美丽都是漂浮在表面上的，倘若没有了外在的包装，就是一个再普通不过的“路人甲”。有些女人长得不是很漂亮，也不曾戴着珠光宝气的饰品，抑或穿着昂贵奢侈的衣服，就只是一袭简单的白衬衫、一条普通的牛仔裤，可散发出的气质却很吸引人，让你觉得这个女人是丰富的、有思想的、不流俗的。

女作家严歌苓曾说过：“爱读书的女人有种迷人的情调。”这种迷人，体现在什么地方呢？她解释说：“当我回想起自己这么多年读书的经历，感慨良多。一个人把书读进去，让书伴随自己成长，此时再审视世界、观照自己，所获得的世界观、人生观是完全不同的。重要的是，读书这项精神功课，对人潜移默化的感染，使人从世俗的渴望（金钱、物质、外在的美丽等）中解脱出来，之后便产生了一种存在。”

漂亮和气质，从来都不是等同的关系。一双眼睛可以不漂亮，但眼神可以透露出灵动；一张面容可以不标志，但神态可以透露出善良；一副身材可以不魔鬼，但仪态和举止可以透露出优雅。气质关乎的是一个灵魂的丰富与坦荡，提升气质、美化灵魂的途径有很多，读书是其中最容易的、最不昂贵的也无须求助他人的捷径。

你可能读过很多书，也忘了其中的很多内容，可那些东西并没有完完全全的消失，极有可能会在某一刻，你会忽然想到曾经读到过某句话，让你茅塞顿开、豁然开朗。这就如同，我们今天吃进去的某些东西，明天可能就忘记了，但它已经变成了身体所需要的养分。

读书不是目的，而是一种过程，潜移默化里涵盖了生活的全部。你读过的书、走过的路，最终都会变成你的思想、你的认知。同样是工作，你可以想得更远、做得更好；同样是恋爱结婚，你可以保留完整的自我；同样是养育子女，你可以用自身的言行去影响孩子，让他在潜移默化中成为一个有教养的人。

读书的女人和不读书的女人，在一天之内是看不出来的，把读书融为生活的一部分，长久地坚持下去，那些不起眼的日积月累，终有一天会变成他人的望尘莫及。

与时间同频，小步精进

“20 几岁的时候，我和他去看电影，我们不经意间牵了手，结果幸福了整整一个冬天。30 岁的时候，我和他在旋转餐厅里用餐，在缓缓地转动中，我心里有一股莫名的空虚，突然间对一切都失去了兴趣，即使是难得跟忙碌的他一起用餐。”

这是一个 32 岁的现代都市女性的真实心声，她结婚六年，生育后辞职在家。她说，感情上没有问题，经济压力也不算太大，但这两年自己的情绪越来越差，所有的矛头都指向了一个问题：不喜欢现在的自己，也找不回原来的自己。

也许会有人觉得，她有些许矫情的意味，但如果你认识从前的她，就能够原谅现在的她。没有辞职前，她也是在职场上风生水起的精英，是公司里的骨干，可有了孩子之后，她大部分的时间和精力，都放在了孩子和家庭上，对自身的角色不完全适应，以及生活圈子的缩小，对自身价值的不确定，都让她难以接受。

这些负面情绪，是坏事也是好事。坏的是，会影响对自身价值的判断；好的是，她不想放弃自己。为了减缓这种焦虑，她选择在带孩子之余，精进商务英语，准备在孩子入园后，继续回归职场，为更长远的将来做打算。

一个人的存在感是什么呢？简单来说就是，有事情可以做，在做事中看到价值。不管是因为家庭还是其他什么原因，放弃自己、停下精进的脚步，都是一种巨大的冒险。人生真正的衰退并不是白发与皱纹，而是心灵的老化，是丧失了学习与进取的激情。

燕子因为一场车祸失去了右腿，右臂也行动不便。历经四次手术、三年康复训练，虽也安上了假肢，但右手臂的不便依然没有太大的改善。许多事情她做起来都很费劲，可就算是只能依靠一只左手，她这三年仍旧保持工作的状态。她在家帮朋友做网络推广、写文案、接送儿子上下学、为儿子辅导功课……身体上的不便，并没有让她放弃自己。

也许，坚强只是被迫的选择，但能在这样的处境下，认真地对待自己、对待生活，尽己所能去感受活着的意义，就是值得尊重的，也是生命的成长和潜能的释放。

稻盛和夫认为，人生的意义和价值就是提高身心修养，磨炼灵魂。

听起来似乎有点空洞，但其实我们可以把它理解为“精进”，也就是成长。每个人的自身条件、家庭背景、社会地位都不一样，难以进行真正公平的比较，但只要能够做到，每天优于昨天的自己，与时间同频，小步精进，不懊悔每一刻，就是最好的自己了。

第15课
爱

越是艰难处，越要认真活

推荐一部美国电影，它是根据美国“奇迹女孩”莉丝·默里的亲笔传记《Breaking Night》改编而成的《风雨哈佛路》，曾经震撼了亿万人的心。

莉丝8岁开始乞讨，15岁时母亲因为吸毒感染了艾滋病身亡，父亲酗酒进了收容所，外公不肯收留她，她只能流浪。她成长在一个“脏乱”的环境里，周围的人要么吸毒，要么自甘堕落，姐姐也在步母亲的后尘。

在那样的境遇下，没有人相信还有“另外一条路”可走，所谓的“将来”是可预见的，那就是和身边的家人、朋友一样，在“脏乱”中出生，在“脏乱”中死去，中间就是浑浑噩噩的人生。

然而，这一切并没未磨灭莉丝对美好生活的热爱与向往。她不愿意向命运低头，也不愿意让自己就此沉沦。她说：“我知道外面有一个更好更丰富的世界，而我想在那样的世界里生活。”

她以真诚争取到了进入中学的考试机会，以非凡的毅力用2年时间读完10门课，最后又以她的经历、她的真诚、她的努力，得到了12000美元的奖学金，成功地走进了哈佛，改写了生命的剧本。

顺风顺水的境遇下，感悟美好是一件很自然的事；可在阴霾重重的环境中，保持向上的动力却是无比艰难的。我们无法否认，原生家庭、生活环境对一个人的影响是至关重要的，甚至有很多人会以此为由，宣泄内心的愤懑与不平，似乎一切责任都不在自己。

或许，境遇真的无法选择，但活法能不能遵从内心呢？许多人只是看到了生活艰难，看到了“假如生活欺骗了我”，但也有人身处阴沟，却对浩瀚的星空心向往之。她们犹如淤泥里长出的洁白的莲花，在艰难、不堪的泥泞中，依旧仰望着星空。这份坚持的背后，蕴藏着一份深深的自爱，以及对生活的期待。

懂得自爱，就会行有所止，就不会轻易允许自己堕落。无论出身如何，当下的境遇如何，愿每个女人都能像莉丝一样，摆脱深陷泥沼的狼狈不堪，在人生的旅途中勇敢前行，奔向星空，奔向光明。

用智慧爱自己，用慈悲爱他人

心情不好的时候，我们都喜欢走向自然，看山、看海、看森林、看江河，置身于美妙而开阔的自然中，会觉得自己连同那些烦恼都变得渺小，不值一提。为什么大自然会有如此神奇的疗愈效果？我的答案是：大自然是慈悲的，散发着包容与爱的力量。

就像那存活了成百上千的原始森林，望着它，就像是望着一个目睹了尘世百变的老人，不用说话，却能在它的气场中感到厚重；就像那潮来又潮去的大海，反复地席卷着海边的沙，也席卷着无数人的心事……大自然是无声的，却能包容所有，这份慈悲会给人安慰。

我一直觉得，爱是有阶梯的，爱自己是开始，爱他人是进阶，两者不能错位，缺一不可。

如果没有自爱，只是一味地爱他人，这份爱多少都有委屈和不甘掺杂在其中。真正的爱，应当是自然而然地溢出来，先斟满自己的杯子，再把溢出来的分享给他人，他人收获到的是爱，而自己获得的是丰盈。这种爱，来得更持久，更纯粹。

如果只有自爱，没有爱他人的慈悲，这种自爱很容易演变成自私，一切都以自己的喜好和利益出发，不顾他人的感受。这是精致的利己主义者，没有优雅可言。

宋庆龄，是一个活得通透、懂得取悦自己，同时又深受人们爱戴和尊敬的女子。

著名作家丁玲曾在给宋庆龄的信件中，这样称赞道："几十年来，您都在风雨中亭亭玉立。"这样的评价，中肯而真诚。

宋庆龄是一个有才学、有底气的女性，她一生酷爱学习，不管在什么情况下都没有放弃过提升自己。她还是一个自信的人，接受真实的自己，爱真实的自己。现在，我们去看宋庆龄的照片，会发现她的脸型和五官并不完美，但浑身洋溢着一种独特的气质，眼神里透着笃定与高贵。这不是外表可以装扮出来的，而是从灵魂深处散发出来的。

宋庆龄不仅自爱，最令人钦佩的是，这个伟大的女性终其一生都在关爱祖国下一代，关心那些在战争中出生的儿童。她是爱心的使者，她是中国少年儿童最尊敬的祖母。

“我的一生，都是同少年儿童工作联系在一起的。”宋庆龄先生如是说。她自己没有孩子，但是她不缺乏母爱，世界上所有的孩子，都是她的孩子，她都付出自己沉重的母爱和关心。她一生都在为儿童福利和教育事业奔走呼吁，即使在战争时期，也没有停止向世界各国呼吁保护儿童，让他们不受战争的迫害。

她认为，儿童才是人类的至宝，是人类得以延续下去的希望，未来是属于他们的，世界将来一定是掌握在他们手中的。在生命的最后一刻，宋庆龄都在因为不能参加六一儿童节而遗憾，她拖着自己病重的身体，鼓励他们，关心他们，在她心里，只要那颗心不停止跳跃，那么对孩子们的爱也永远不会停止。

罗曼·罗兰说：“爱是生命的火焰。没有它，一切变成黑夜。”一个热爱生命的女人，往往能生出一颗慈悲之心，在取悦自己、成全自己的同时，也爱着身边的人。对他人的付出，不是为了获取回报，而是让爱成为一种流动的能量——“给予你的时候，我也丰盈了自己”。

Chapter 4

温柔的力量

第16课 沉静

沉静是一份深邃的美

某记者曾访问一位女艺术家："在喧闹的人群中，您会选择用什么方式引人注意？"

女艺术家的回答很简单，却富含深意，她说："我会选择沉静地坐着。"

沉静地坐着，浮现在脑海里的画面很简单，就是安静端庄地坐着。然而，细细回味，却发觉它并不单调，也不刻板，而是透着一份圣洁和肃然，透出一股难以言表的高贵。看似无声无息，却流露出富有穿透力的气息，足以让人在喧哗中停下来，多看上一眼。

母亲原单位的同事素娟，年轻时是部队里的文艺骨干：优美的舞姿，轻盈的体态，飞扬的青春，任她走到哪儿，都是一道别致的风景。然而，和所有女人一样，她也抵抗不住岁月的脚步。时光荏苒，转眼间，就已走过不惑之年。比起街头巷尾那些穿着短裙扎着马尾的姑娘们，她显得老了，没了妖娆的风姿。可是，她身上散发着一股沁人心脾的美，惹得艳羡的目光却丝毫不减当年。

现在的她，多了一份沉静，一份端庄。她不会穿那些刻意扮年轻的衣服，她知道自己过了天真的年岁，那鲜艳清纯的衣服与一脸成熟的脸会让人不忍目睹。可是，她身着高雅大方的素裙，仍然让人眼前一亮。平实的心态，丰厚的内涵，让她有足够的底气驾驭增长的年岁，那份坦然的知性美，那份沉静温婉的姿态，是在岁月的积淀下雕琢出的一块璞玉，温润沁心。

素娟不会为一点小事扰乱心情，愤怒或咆哮，多年的摔打与磨砺赋予了她一颗平和的心。那些背后的暗箭，伤人的话语，她听到了，也只是置之一笑。阅尽生活的沧桑，心灵自然多了宽厚与豁达；品尽人间酸甜苦辣，看遍生命的沉浮，自然不会再为无谓之事结茧。她守着一颗沉静的心，活出了优雅，诠释了低调的绚烂。

她曾对女儿说过这样一番话：“没有人知道你的付出时，别急着去向谁表白；没有人懂你的价值时，别在人前炫耀；没有人理解你的志趣时，别放弃坚持。”在这样一位性情成熟、言行沉稳的母亲的熏陶下，女儿也出落得知性不凡。

其实，她不是在教女儿培养怎样的性格，她是在教会女儿作为女人该有的姿态。这远比告诉她如何搭配衣服、如何画眉施粉要珍贵得多。对女人而言，沉静是一种低调的张扬，是一种自信的活法。尤其是当青春的容颜不再时，沉静就更显得富有内涵，那是一种看清人生之后的从容。

许多年轻的姑娘尚未真正领悟到沉静的美：置身于人群，为了找寻自身的存在感，吸引更多的目光，她们会刻意提高声调；为了满足虚荣的心理，会故作自然地爆料出认识什么人，有过怎样特殊的经历；为了显得与众不同，会把自己当成漂亮时尚的杂志代言。

她们或许从未发觉，就在她们身边，坐着那位清新脱俗、平视不语、表情温和的女子，正在散发着无声胜有声的美。相比之下，那咄咄逼人的架势，刻意炫耀的姿态，时尚美丽的装扮，都显得肤浅、粗俗、愚蠢，令人感到索然无味，犹如“小丑”在自夸自演一场闹剧。

想活得优雅，就要多一份沉静，少一份浮夸。不要不分场合、不看对象自以为是地说笑不止，全然不顾他人的感受；懂得恰到好处地展示自己的格调，从容不迫地对待复杂的生活。相比咄咄逼人、刻意炫耀，闭口不言、莞尔一笑，更能透出高贵与深刻。

无人鼓掌，亦能坦然谢幕

毕业那天，她沉浸在穿着学士服照相留念的喜悦里，快乐得像一只小麻雀，想象着自己即将张开翅膀飞向蓝天。这一路走来，别人看到的是她表面上的光鲜出彩，背后所付出的艰辛却少有人问津。也许是太过激动了，做事一向稳妥的她，怎么也没想到，自己会在毕业典礼的晚会上，当着众人的面出糗露怯。

她穿着白色的长裙，站在闪亮的舞台上，轻妆淡抹，不失美丽。那一首《隐形的翅膀》，唱出了她的心声，也唱出了对未来的希望。一切看似都很圆满，谁料就在临近结束的时候，她的身体突然随着旋律倾斜了一下，险些摔倒。

她意识到，是左脚的鞋跟断了。台下的笑声、叫声、口哨声混成一团，这一幕简直成了意外喜剧。她能感觉到自己的脸有些发烫，只是在灯光的照射下，别人几乎察觉不出来。此时，就差两句歌词了，她保持着镇定，把这两句歌词完美地唱了出来。

所有的目光都聚集在她身上，他们想知道，她要如何“收场”。只见，歌曲唱完后，她轻轻地脱下鞋子，做了一个优美的谢幕姿态，向众人说了一声“谢谢”。而后，华丽地转身，优雅地退场。众人沉默了片刻后，给了她最热烈的掌声。

晚上回家后，她待了一会儿，把晚上的一幕告诉了妈妈。妈妈拍了拍她的肩膀，说：“我觉得，你很了不起。”“是吗？可我觉得很丢人。”这些年，她从来没有遇到过今天这样尴尬的局面，心理上不知该如何调节。

“记得我上中学的时候，学校举办过一次演讲比赛。一个女孩在台上突然间忘词了，台下的人直愣愣地看着她。也许是当时年纪小，没经历过类似的场面，她紧张极了，可越是紧张越想不起来。最后，索性就直接从台上跑了下去，事后一个星期，她都没有去上课。”妈妈给她讲述了一段往事，“其实，她可以凭借自己的能力，把演讲进行下去。为什么要跑呢？”她撇了撇嘴，似乎有点为之惋惜。

“是啊，为什么要跑呢？哪怕表现得不完美，但在此过程中尽力了，就算没能赢得别人的掌声和认可，也对得起自己的付出，也该优雅地退场。所以，我觉得，你今天的表现很出色，因为你保持了一种风度。”妈妈的这番话，像是安慰，可听起来却不刻意。

有些事，不是付出了就能够得到对等的回报，也不是努力了就能换来预期的掌声。生活中总有意想不到的情况，总有难以满足的挑剔者，我们所能做的，不过是尽心尽力，即使没有人鼓掌，也要保持沉静，坦然地谢幕，感谢自己的认真付出。

第17课
气和

临喜临怒看涵养

怎样辨识一个女人有没有足够的修养？我想，不只是看她平日里活得多么精致，更要看她在遭遇尴尬、怒火焚心的时候，是否还能露出一副嘴角上扬、不愠不火的姿态。真正的修养，是优雅的装扮和谈吐，也是经得起一切外境干扰而不为所动的笃定。

夏鸥研究生毕业后，到一家公司做设计师。一次，公司开会讨论设计方案的时候，她兴致勃勃地把自己的设计方案展示出来，没想到，领导却皱了皱眉头，说："这个方案不错，只是跟张晓之前的设计很像，她的方案已经通过了。所以，只能麻烦你再修改一下，不要让客户觉得，我们公司设计的产品风格都是一样的。"

听完这些话，夏鸥的脑子瞬间一片空白，片刻之后才恢复理智："怎么可能呢？这个设计方案，我从一个月之前就开始准备了，难道……？"她突然想起，自己曾无意间给张晓看过初稿，虽然当时是未成形的东西，可是框架和思路是很清晰的。

她意识到，很可能是张晓"剽窃"了她的创意。这样的情况也不少见，如果换作是别人，兴许她还能接受，可偏偏是张晓！自己平日里对她很好，还托家人帮她弟弟找过工作，这人心真是难以揣测？她愤愤不平，怒气和失望混合在一起，心烦意乱。

午饭时，办公室里的同事陆陆续续都出去了，只剩下她和张晓。情绪失控的她，一改往日的温和，用冷嘲热讽的语气说起话来："难怪别人都说，有人的地方就有江湖，职场里没有真朋友。我欣赏那些直截了当的人，最看不起背地里放冷箭的阴狠小人。我要是男人，也得离这样的女人远点，不知道哪天她就把枕边人算计了。"

她知道，张晓刚刚离婚，说这番话最刺痛她的心。果然，张晓听着难受，径直离开了办公室。留下夏鸥一人，就像是"打了一个空拳"。下午，张晓没有来，据说是请了病假。夏鸥回想今天发生的事，突然觉得有点懊悔：羞辱张晓一番，直戳她的伤心处，有这个必要吗？工作本应该就事论事，自己在气头上竟然全忘了。今天的失态，肯定会让张晓觉得，我平日里的那些温和都是装出来的……越回忆自己在办公室里尖酸刻薄的样子，夏鸥的脸越是发烫。退一步说，设计方案的确有雷同的概率，即便真是张晓"剽窃"了自己的作品，自己也没有足够的证据，只是猜测而已。要避免类似情况发生，不如吃一堑长一智，说再多恶毒伤人的话，什么也改变不了，除了给人留下没修养的印象。

生活不是童话，无论是谁，性情如何，都难免遇到令人愤怒的事。碰到这样的问题，生气在所难免，但要学会控制情绪，不能因为对方的言行而丧失理智。解决问题的办法有很多，有矛盾冲突，坐下来好好聊一聊，敞开心扉，把疙瘩解开；有误会分歧，说说各自的看法，求同存异，也不是不可。如果对方表示出无礼，胡搅蛮缠，或者根本是不可理喻之人，完全没必要生气，置之一笑算了；遇到不被理解的时候，保持沉默就行了，多余的解释都不用说。为了不值得的人，在愤怒谩骂中乱了心智，丢了修养，实在不明智，也没任何意义。

不为小事纠缠计较

安德列·摩瑞斯在《本周》杂志上说："我们常常因为一点小事，一些本该不屑一顾、抛置脑后的小事，弄得心烦意乱……想想我们活在这世上的日子不过几十年，而我们却浪费了很多不可能再补回来的时间，去烦恼一些一年后谁都想不起来的小事，真是太不值得了。"

苏菲到一家公司面试。那家公司位于23层，面试时间已过上班高峰期，等电梯的人并不多，她上去的时候，同乘的只有两名男子。在电梯门即将关闭的时候，突然有人伸出一只手来。只见一个男人气急败坏地走了进来，冲着她大喊："你是不是聋了啊？我喊了半天，让你'等会儿'，你听不见啊？"

电梯间的气氛变得凝重了，另外两名男子看着苏菲，想知道她会怎样应对这个随便迁怒于别人的男子。没想到，苏菲一点也没有生气，她很平和地回应了一句：“不好意思，我真的没听见。”伸手不打笑脸人，那男子也只好作罢，没再言语。

等待面试时，她意外地发现，面试考官竟然就是刚刚在电梯里的那两个男人。显然，她被录用了。考官没有询问她的学历、工作经历，只问了一个问题：“面对刚才的情况，你为什么不生气？”苏菲解释说：“他嚷也嚷了，骂也骂了，我再和他生气争吵，没什么意义。我今天是来面试的，不想因为这些事搞砸了心情，影响面试的状态。况且，既然同乘一间电梯，说不定他也在这栋写字楼里工作，甚至还有可能会是我将来的同事，抬头不见低头见，何必为了这点小事结怨呢？不值得。”

相比苏菲的处事之态，我们也经常会看到与之大相径庭的情形：在拥挤的地铁里，两个打扮入时的女人互揪着头发，厮打在一起，肆无忌惮地谩骂，污言秽语弥漫在整个车厢。究其原因，不过是因为一个座位罢了。旁观的人们，露出各色表情，有人皱眉不解，有人摇头叹息，有人出言劝和，有人转身回避。

望着眼前扭打的景象，我们再去论定谁对谁错，有什么意义吗？如果其中一人稍有点素质和内涵，也不会落得这般尴尬的局面。算下来，那一趟地铁，全程历时不足一小时，多站一会儿又能损失多少？就算累一点，拥挤一点，也好过在众目睽睽之下，厮打成一团，口无遮掩，遭他人的冷眼旁观与耻笑。

为小事生气的人，生命是短暂的；为小事生气的人，生命也是浅薄的。即便我们不是出身显赫的名媛，但也不妨碍我们活出一份可贵的修养，也不妨碍我们去多欣赏一些美好。总是把目光盯着那些不值一提的小事上，只会越活越狭隘，越活越肤浅；若还要无休止地纠缠下去，还会在不知不觉中消耗掉心智。

第 18 课 独立

越独立，越高级

女人的尊严，不是谁给的，而是靠独立赢得的。一个优雅的女人，向来不乏独立的特质。

经济基础决定上层建筑，这是一条不过时的真理，英国首相布莱尔夫人在谈及女人幸福问题时说："一个女人，你永远不知道生活前方等待你的是什么，永远都要记住一点，能养活自己至关重要。"经济独立，是女人赢得尊严的起点。

要获得经济上的独立，工作是必不可少的载体。谁都知道，工作是辛苦的，要面对复杂的人际关系，要承受委屈，但这些付出也是最值得的投入。靠自己的能力，换来可随意支配的金钱，能展示自身的能力和价值，给过去多年的学习与积累找到用武之地，在人际交往中体会人间冷暖，努力朝着自己定制的目标前行，看到每一天的自己都在进步。这样的幸福与满足，除了自己以外，没有任何人给得起。

女人的独立，还体现在情感上。她们否定老旧的“青藤缠树”“夫贵妻荣”式的以人身依附为根基的两性关系，会把自己活成以独立的姿态深情相对的橡树和木棉。她们不愿做任何人的肋骨，把对生活的要求都寄托在自己身上，会坦然接受心爱之人的给予，但不会习惯性地索要，摆出一副卑微又纠缠的姿态，丢掉自身所有的贵气。

独立的女性，会看张爱玲的文集，但不会把自己活成张爱玲，更不会让自己因为爱而低到尘埃里。她们知道，爱情世界里的主角永远是你自己，他的出现，只是因为自己选择了他。无论他是谁，陪自己走到什么地方，都要让自己的戏隆重地演下去。就算他离开了，自己缺少的也只是一个锦上添花的男配角，那份来自生命深处的掌声，那份给予自己生存和幸福的能力，始终不曾失去。

她们不会成为攀援的凌霄花，借着爱人的高枝炫耀自己，以为这一生的幸福就是“我是谁的谁”。在她们看来，谁的谁不代表什么，谁的谁也不那么重要，未来自己决定，把自己活成会发光的太阳才是真本事。

活得有尊严的女人，在思想上也是独立的。多数人都知道，生活是自己的，可真正按照自己意愿生活的，却寥寥无几。真正独立的女人，已经跳出了这个思想桎梏。她们有自己的生活态度和方式，有自己的评价标准，不会为了取悦别人而一味地满足他人的价值观。

白岩松说："行走在人群中，我们总是感觉有无数穿心掠肺的目光，有很多飞短流长的冷言，最终乱了心神，渐渐被缚于自己编织的一团乱麻中。其实你是活给自己看的，没有多少人能够把你留在心上。"亦舒在《忽而今夏》中说："何必向不值得的人证明什么，活得更好乃是为你自己。"

经济越独立，活得越惬意；情感越独立，爱得更有底气；思想越独立，美得越高级。做个独立的女人吧，唯有内心生长出来的力量，才是一辈子的。

保留自己的生活圈子

表妹结婚后，就辞掉了工作。现在孩子已经四岁，她依旧是全职太太，负责全家的生活起居。在她结婚前，我们的关系很亲密，经常一起逛街、聊天、旅行，可这几年见面的次数越来越少。不久前，她主动找我叙旧，我如期而至。

席间，表妹一边喝着桂花米酒，一边说着过去那些好玩的事。说着说着，她突然哭了。我问她怎么了？她说，现在的日子特别没意思，跟模板一样，说起以前的生活，感觉就像是一场梦，再也回不去了。

我理解她所说的话，以及她的感受。婚后，她所有的心思和精力都放在家庭里，与外界的接触少之又少，再怎么甜蜜的生活，时间久了，像模板一样，都会令人心生厌倦。说到底，并不是全职太太这个身份给她造成了困扰，而是她经营自己、经营生活的方式出了问题。

如果把生活视为一个“圆”的话，表妹原来的生活是一个包罗万象的“大圆”，而现在她的生活却是半径很小的“小圆”，里面的内容也很单调，除了家务、丈夫、孩子，似乎没有其他了。家庭生活自然重要，但如果一个女人的身份只是“妻子”“母亲”，而没有“自己”“朋友”，也没有其他附加了定语的身份，比如“健身爱好者”“业余插花师”，这样的生活，必定会越来越乏味，而自身的价值感也会逐渐降低。

刘若英有一本书叫《我敢在你怀里孤独》，里面描述了她的婚姻生活：她和先生会一起出门，去不同的电影院，看不同的电影；两个人一起回家，进家后一个往左，一个往右，各有各的独立书房和卧室，共同厨房与餐厅。

也许有人会觉得，这种模式更像是同居，而不是结了婚的状态，但刘若英却说：“保留或不保留地付出，在此时停留或出走。选择权都操之在我。即使我决定为了你，学着适应相处，那也是我的选择。”在她看来，最好的亲密关系就是“我敢在你怀里孤独”，最大限度地保持彼此的独立与自由。

我们自不必效仿这样的相处模式，毕竟人与人的想法、习惯不尽相同。只是有一点，值得女性思考和警醒：当亲密的两个人无时无刻地黏在一起，会烦，会滋生负面的情绪，因为再怎么相爱，依然是两个不同的个体。学会给彼此留下生活的缓冲空间，关系反而会变得越来越舒服、自在。

这一生，很爱一个人，是一件幸福的事。只是，爱也需要留点空白地带，需要给自己保留生活的圈子，有自己的兴趣爱好，去滋养自己的内在世界，和亲人、朋友去享受美好的时光……

把自己活得丰盛，爱和生活也会变得有滋有味。

第19课 不俗

剔除内心的虚荣

《权子·顾惜》里，谈到了一则“孔雀爱尾”的故事：

一只孔雀长了漂亮的长尾，金光与青翠的颜色闪耀着金光，即便是技艺超高的画师，也难以描绘出那份美。然而，孔雀生性妒忌，看到周围有人身着华美的服饰，就会气愤不已，追着啄他们。孔雀视自己的尾巴为珍宝，在山野里栖息的时候，也会小心翼翼地选择好一处搁置尾巴的地方，才能安心。有一天，天空下起了雨，孔雀的尾巴被打湿了。这个时候，捕鸟的人正朝着孔雀的方向走来，而孔雀却沉浸在对自己美丽长尾的满足与炫耀中，不肯飞走。就这样，孔雀被捉住了。

虚荣的孔雀，只懂得开屏时顾盼自傲，向人炫耀天赐的外表，却不知道虚荣会把自己推向无底深渊。当女人在生活中出现了“孔雀心态”，也会陷入争强好胜的境地，为了强出头、为了炫耀，做出一些尽失优雅与格局的举动。

虚荣心太强，会不自觉地与他人攀比，工作、生活、家庭全都成了用来炫耀的“资本”，稍有不如人处，就产生巨大的落差感。同时，虚荣也会滋生嫉妒，看到有人比自己生活过得舒服，或在事业上有成就，心理上就会失衡。她们不愿承认别人的“好”，甚至有时会把别人的优越想象成利用不正当手段谋取的利益，继而把自己想象成清高的楷模。殊不知，真正的优秀，从来不是靠贬低他人得来的，承认别人的优秀，本身也是一种可贵的素养。

虚荣心太强的女人，很难发现和感受到现实生活的美好，因为她们不会轻易满足现状，目光永远都停留在别人身上。就算前一天刚刚为零点三克拉的钻戒炫耀，明天却可能因为邻居的半克拉钻石而生气；今天刚刚为自己买回一条爱马仕围巾而得意，明天却可能因为同事的 LV 皮包而愤愤不平……当虚荣在女人的心里不断蔓延时，再好的日子也会变成苦日子。

当一个女人满脸怨气、满心不甘的时候，当一个女人因虚荣折磨着最亲近的人时，她是否还有一丝优雅和美丽？她是否还能让身边的人倾心相待？减少一点炫耀的欲望吧！热衷于炫耀与虚荣，只会让自己活在焦虑中，活在未来的虚幻中，心里永远不会有安宁。内心不坦然、不平静，就算用再昂贵的化妆品，也妆扮不出优雅从容的气质。

名利场中不迷失自我

相传，乾隆皇帝下江南的时候，曾遇到一位金山寺的高僧。

乾隆询问高僧："长江中的船每天都来来往往，甚是繁华，一天到底要经过多少条船啊？"

高僧回答得很简单："这里只有两条船。"

乾隆连忙问道："怎么会只有两条船呢？"

高僧答："一条为名，一条为利，整个江中来往的无非就是这两条船。"

乾隆又问道："为什么这么多人都在为名利而奔波？"

高僧答曰："人活一世，无论贫穷贵贱，穷达顺逆，都是活在真空中，从不听从于内心的声音。他们一味地想着生存，却都离不开名利二字。"

世间在意名利、爱慕虚荣的人，犹如江上那来来往往的数之不尽的小舟，每天奔波着、忙碌着。他们热爱名利带来的物质享受，以及表面上的风光，却把最沉重的压力给了自己，把最美好的幸福做了交易。

还记得萨克雷的《名利场》中的女主人公丽蓓卡·夏普吗？这个女人一生都在追逐名利，可到最后才发现，所有的心机都是竹篮打水一场空。作者在结尾处，以伤感而又无奈地语气感叹道："唉，浮名虚利，一切虚空，我们这些人谁又是真正快活地活着的？谁又是称心如意地活着的？就算当时遂了自己的心愿，以后还不是照样不知足？"

当然了，我们不能完全否定名利的价值和意义，对一件事全身心地付出了，最终得到了与之相匹配的荣誉和利益，那是一种莫大的动力和鼓舞，也支撑着我们继续前行。但，若为名利而斗“气”，超越了理智，甚至把幸福与否建立在别人对自己的评判上，不断追逐那些虚无缥缈而自己并不需要的东西，就另当别论了，那是在名利场中迷失自我的表现。

素黑说过，女人真正的幸福，是从内心感受平静喜乐的福气，而非众所周知刹那光辉的表面虚荣。名利、地位、物质、财富都可以带来快乐，但并不保证安心和满足。人生苦短，除了名利之外，还有许多值得追求的东西。

芸姐早年和丈夫一起创业，开了家小公司。现如今，公司逐渐走上正轨，年收入 300 万 ~400 万。就在公司的势头日渐向上走的时候，芸姐却突然辞去了副总的职位，自己去了另外一家企业坐班去了，月薪不过一万多块钱。

对于她的选择，周围的亲戚、朋友乃至原公司的下属都不解：明明可以在自己的公司做得更好，干嘛要去给别人“打工”？其实，芸姐的想法很简单，就是因为对方公司能给她一间独立的办公室，让她可以愉快地听着音乐做设计。她不想做什么阔太太，也不想做什么风光的副总，公司的事务依靠中层完全能应付得来，头衔对她而言，没什么吸引力，反倒更像是一把枷锁。

芸姐向来不喜争名夺利、勾心斗角，也觉得为了那些东西动气得不偿失。她说，如果将来有机会的话，她还想环游世界做“义工”，没有名片，没有头衔，但这样的人生体验价值不菲。她希望，自己能在50岁之前，实现这个心愿。

适当的名利可以成为前行的动力，但对名利太过在意，就会被名利束缚，变得庸俗与浅薄。如果能保持着水的清澈本性，与利万物而不争的性情，不仅能在精神上居住高处，人生也会更加开阔。

知世故而不世故

芸芸众生的女子，就其心理年龄而言有三种：幼稚、成熟和世故。若以西瓜来比喻，那么幼稚的女人就像是生瓜，没有人会喜欢；成熟的女人像是甜美的熟瓜，人人都趋之若鹜；而世故的女人就像是熟透的西瓜，早已变了味道。

曾经听过这样一句话：“成熟是一种迷人的美，它与世故格格不入。大凡把成熟和世故同日而语的人，一定是还没有跨进成熟的行列。”

许多时候，女人混淆了成熟与世故。以为成熟就是天真，结果连纯真的心也一并丢了；以为成熟就是精明，结果陷入了物欲的无底洞中；以为成熟就是伪装，结果把真诚化作了逢场作戏。自我感觉是成熟了，其实是变得世故了。

生活往往是这样，十年寒窗无人问，一举成名天下知。现在的他，已经在香港开了三次画展了，可谓是业界年轻有为的画家。很少有人知道，七八年前的他，还是一个穷小子。

从美院毕业两年后，他一心想在画画上闯出一条路，并辞掉了工作。

当时，正和他交往的女友丽娜得知他辞职的消息，跟他大吵一架，说他不成熟，说他就是异想天开。其实，他心里明白，丽娜是嫌弃自己穷，给不了她房子、车子、面子，满足不了她在朋友们面前的虚荣心。每每说起他，她就是长叹一口气，对朋友说："他就是一个不靠谱的文艺青年。我这辈子算是完了。"

再继续这段感情已经没有意义，她要的他暂时给不了，而她也不相信未来的他可以有什么大的改变。他们分开了，丽娜和一个家境宽裕的男生在一起了。

情场失意，事业失意，那算是他人生中最失落的阶段了。都说上天在给人关上一扇门的同时，也会给人开一扇窗。诗蕊的出现，就是最好的证明。和前女友相比，诗蕊确实不那么漂亮，可她自信。更重要的是，她爱他，支持他，并借助自己的关系和能力，帮他联系业务。

在浮华的年代，遇到一个愿意与自己同甘共苦的女子，实属不易。诗蕊属于那种很有定性的女人，她从不会向他要什么，也从不会说打击他的话，更不会拿他和谁谁谁去比。她忙着自己的事业，加班，出差，聚会，节奏和从前一样。她给他足够的空间来创作，也相信他的能力。

爱情是有魔力的，一个女人的鼓励对一个男人的成功，有着不可小觑的力量。后来，他被美国一家基金会看好，在国内成功地办了第一次个人画展。此时的诗蕊，依然如故，并未四处炫耀，还是像从前一样，做着自己该做的事，在他需要的时候，给他宽慰与支持。

就在这时，丽娜回来了。她说，她后悔了，想跟他重新开始。的确，现在的他再不像从前了，他从一个没钱没名气的穷小子，摇身一变成了英俊帅气的“艺术家”，还有不少仰慕他的女人追随。可他告诉丽娜，自己有女朋友了，他们不可能了。

丽娜打听过诗蕊，也知道她的一切情况。她说：“就为了那个女人吗？个子不高，长得也不漂亮，我哪里比不上她？我们之前是有感情基础的。当时，我父亲住院了，着急用钱，我是一时情急才做的决定。我真的希望你理解我……”

他说：“别说了，那都是过去的事了。我们真的不可能了。”

丽娜向来高傲，说：“你告诉我，你看上她什么了？”

他说：“你们不是一类人，没有可比性。”

话说到此，识趣的丽娜没有再继续问。她知道，再说下去的话，只是自讨其辱。“不是一路人”，是一个太明显的对比了。丽娜离开的时候，心里也很难过，不仅是为了他的拒绝，还为了那个迷失的自我。她真的不知道，自己从什么时候开始，竟然变得那么世俗了。

成熟而优雅的女人，知道为人处世的道理，却并不世故。世故是烂掉的成熟，内里已经干枯，再无可取的美好。美好的女人，多半都像诗蕊那样，不媚俗不盲从，对爱人宽容、慈悲，有共同承担的勇气，有脚踏实地的心态，不为暂时的低迷人生而抱怨。

成熟而优雅的女人，懂得社会复杂，却不失真诚。对待陌生人，会给予微笑，但不会一下子推心置腹，如此既是尊重别人，也是尊重自己，待真正了解后，才会敞开心扉地交流。她们不会把自己的内心封闭起来，认为世间没有真诚可言，更不会在交往中虚于周旋。

成熟而优雅的女人，会设身处地为人着想，不会咄咄逼人，但又有自己的主见，坚持内心的原则。她们从不会刻意伪装，在感性的人面前扮演林妹妹，在多疑的人面前故作深沉，在直率的人面前变得疾恶如仇。她们懂得，相互尊重不等于刻意逢迎。

成熟而优雅的女人，会笑对人生的磨难，悦纳生活的艰辛，把跌倒的地方当成起点，拍拍尘土淡定前行。她们从不会心怀怨怼，更不会因为自己曾经受过伤而变得冷漠，任心荒凉。

成熟是一种气质，一种美丽，一种心性，让人愿意靠近，让人能感受到温暖。

第20课 宽容

能容小人，方显优雅

宋人彭乘在《墨客挥犀》中记载了这样一个故事：

北宋时期，有一个叫韩琦的人，曾做过宰相，后被封为魏国公，与范仲淹齐名。在知北都任上时，有人献给他一只玉盏，此物从古墓中得来，通体内外没有任何瑕疵，算得上是一件价值连城的珍宝。得到了这件古物，韩琦自然爱不释手。为了与人分享这份快乐，他还特意设了酒宴，准备以此玉盏向贵客显官敬酒。设宴那天，大厅里专门摆了一个桌子安放玉盏。

就在韩琦准备用它敬酒时，一个侍从却不小心碰倒了桌子，珍宝刹那间被摔得粉碎。在场的所有宾客都愣住了，那个碰倒桌子的侍从更是吓得脸色发白、浑身颤抖，连忙跪地请罪。

众人都为此大惊失色，不料韩琦却很淡定，他没有大发雷霆，反倒笑着与人说："每件东西都有它破碎的时候。"再看地上跪着的那位侍从，他又说：“你是失误弄碎的，又不是故意为之，何罪之有啊？”

一件稀罕的宝贵之物，在刹那间被毁，任谁都会感到心疼和惋惜。可韩琦却没有大为震怒，并宽恕了失手之人，这种寻常的宽怀雅量，实在令人钦佩。

在看到这篇故事时，我的脑子里冒出了纪伯伦说过的一句话：“一个伟大的人都有两颗心，一颗心流血，一颗心宽容。”也许，现实中的我们，只是再平凡不过的普通人，但我想，“伟大”这个词也不是狭义的，当宽容的品质呈现出来的那一刻，每一个平凡的人也可以散发出耀眼而温暖的光。

我家附近有一个市场，里面有个水果摊生意特别好，摊主是个 50 岁上下的女人。她的身材和皮肤保养得很好，且每天出现在摊位上时，都穿得干净、得体，为了防止衣服弄脏，还会特意套上一个罩衣。

由于生意好惹得其他摊主妒忌，有些人经常有意无意地把垃圾扫到她的店门口。我亲眼见过好几次，而女摊主心里也都清楚。面对这些垃圾，她从来不问是谁做的，也不抱怨，只是默默地将其扫到一个角落。有一次，旁边卖菜的大哥看不过去了，忍不住说道：“别人都把垃圾扫到你门口了，你还能笑得出来？”

女摊主半开玩笑地说：“在我们老家，过年的时候，都要把垃圾往家里扫，垃圾越多代表会赚得越多。现在，都有人把钱送到我门口了，我干吗要拒绝啊！你看，我的生意不是越来越好了吗？”说来也怪，自从她那番话出口后，她店门口的垃圾真的变少了。

我很喜欢去这个水果摊买东西，因为女摊主给我的感觉很舒服。尽管从事着很普通的工作，未曾出入光鲜亮丽的写作楼，可她身上却散发着一种会生活、爱生活的味道，她的言行举止也让我觉得格外优雅。没错，就是优雅，我想用这两个字来形容她，因为她配得上。

南京多宝寺内弥勒佛旁有一副对联，上面写着："大肚能容，容天容地，与已何所不容；开口便笑，笑古笑今，凡事付之一笑。"如果一个女人能宽容别人有意无意给自己制造的麻烦，她的内心一定是敞亮的、豁达的、通透的。退一步说，能做出那种损人不利己之事的人，本身就没什么格局和素养，跟这样的人去计较、去纠缠，毫无意义。

有句话很刺耳，字眼也很尖锐，但道理却一针见血："不要因为这个世界有垃圾，就把自己活成苍蝇。"那些刻意给别人制造麻烦的人，你改变不了他们的人生底色、思维逻辑、行为举止，却可能因为纠缠和争论，让自己陷入歇斯底里的怪圈，值得吗？

宽容让心灵震撼

曾荣获美国侦探小说家大师奖的畅销书作家托尼·希勒，年少时做过农场工。期间，他目睹的一件事，让他受益匪浅，多年后仍然记忆犹新。

托尼 14 岁那年，拉贝玛夫人敲响了他们在俄克拉荷马州的萨克勒哈特农舍的门。她是一位老佃农的妻子，就住在马路那头大约一英里的地方，她想找人帮忙收割一块紫苜蓿地。就这样，托尼得到了平生第一次有报酬的工作，1 小时 12 美分。当时是 1939 年，他们正处于经济大萧条时期，可以得到这样的报酬，已经非常不错了。

一天，拉贝玛夫人发现，自己家的瓜地中多了一辆装有西瓜的卡车。她很清楚，是有人想把这些西瓜偷走。拉贝玛夫人说车主很快就会回来，并让托尼也在那儿看着，长点见识。

果然，没过多久，真有三个人出现了。托尼认出了他们，那是当地一个因打架和偷窃而臭名昭著的家伙，另外两个体格粗壮的男孩，是他的两个儿子。他们看起来，好像很愤怒。

拉贝玛夫人明知他们是来偷西瓜的，可面对这三个人时，她却用非常平静地口吻问道："哎，我想你们是要买些西瓜吧？"

那个男人沉默了片刻，回答道："嗯，我想是的。你要多少钱？"

拉贝玛夫人说："25 美分 1 个。"

"这个价格还算合适。好吧，你帮我把车弄出来。"那男人说。

就这样，拉贝玛夫人促成了夏天里最大的一笔生意。当然，比这笔生意更重要的是，避免了一场危险的暴力事件。托尼目睹着眼前的一切，尚不太理解拉贝玛夫人为什么要这样做。待他们走后，拉贝玛夫人对托尼说了一句话："孩子，如果不宽恕敌人，就会失去朋友。"

几年之后，拉贝玛夫人去世了。但是，她的音容笑貌和那天在西瓜地发生的一幕，会永远印刻在托尼心里。这位睿智的女性，给他上了重要的人生一课。人心从来不是靠武力征服的，很多时候，宽容引起的道德震动，比惩罚更为强烈。

夏日的桑拿天，本就令人憋闷难受，更令顾娜懊恼的是，她刚走出酒店的大门，就重重地摔了一跤。酒店是临街的，好多双眼睛盯着跌倒在地的她，让她感觉颜面尽失，恨不得找个地缝钻进去。顾娜越想越生气，自己还从未这么丢人过！她气冲冲地闯进酒店老板的办公室，大声嚷道："你们门口的地板太滑了，我摔伤了脚，你们必须送我去医院！"顾娜一边说，一边用手扶着脚。

酒店的老板是位女士，她不急不躁，安静地听顾娜说完后，郑重地向她道歉，又打电话安排车，准备送顾娜去医院。女老板亲自搀扶顾娜来到车前，拿出一双拖鞋让她换上。经过检查，顾娜的脚并无大碍。女老板对她说："医生说了，没什么大碍，别担心，就是让您受罪了。我送您回酒店休息，喝杯冷饮解解暑。"

看到女老板如此真诚，顾娜突然萌生了一种内疚感。她解释说："地板刚刚冲过水，很滑，实在危险，我只是想提醒你们注意一下。"接着，她又为自己找了一个台阶，说："幸好这次摔倒是我，如果是上了年纪的人，可就麻烦了。"

回到酒店后，女老板的助理把顾娜的鞋送了过来，她发现鞋子有点"异样"。女老板说："别见怪，我冒昧地请人修了一下您的鞋子。鞋底磨得有点平了，如果穿着它在楼梯上滑到，那就太危险了。所以，我让助理送到外面订了一个橡胶后跟。"

顾娜面带愧色地接过鞋子，不好意思地说：“给你们添麻烦了，花了多少钱我给你。”

女老板说：“这是我们对您表示的歉意，理所应当由我们来付。”

顾娜心里明白，今天的事其实是因为自己的鞋底太滑不小心造成的。这一切，女老板又何尝不知呢？可她没有为酒店做任何辩解，那份宽容和真诚，令人感动。一直以来，顾娜都是个傲慢的人，可望着眼前不愠不火的女老板，她却觉得自己实在太肤浅。临别前，她对酒店的女老板说：“请原谅我的粗鲁无礼，对不起。”

女人有两种美，外表的美令人悦目，内在的美令人赏心。两者不同的是，令人赏心的女人，就算没有出众的容貌，依然可以不失优雅和魅力；外表华丽而内在空无的女人，赢来的不过是短暂的赞叹，但岁月吞噬了年轻的容颜，剩下的不过是浅薄与平庸。

内在的美丽，不是依靠一套优雅的装扮拼凑出的气质，那是依靠后天修养所得的一份内涵，是眉宇神态间的从容淡然，是言行举止上的优柔大气，而那份气度和胸怀，无疑都源自内心深处的宽容。

第21课 柔软

柔软是一种优势

时光倒转二三十年，提到事业型的女性，许多人的脑海里会不由自主地冒出三个字——女强人。然而，时过境迁，随着知识经济时代的到来，现如今再提到事业型女性，人们对之的印象早已大相径庭，她们给人的印象开始和美丽、优雅、坚韧、睿智相关。

这真的是一个美好的时代，特别是对女性而言，有了更多的话语权、自主权和选择权，也有了更多实现自我的平台和机遇。无论是政界、商场还是职场，女性的身影都越来越多。在追求事业的过程中，也有越来越多的女性开始意识到，内心强大无须用强势来证明，在管理活动中充分展示自己独特的温柔、细腻的品质，往往可以借助柔性管理完成很多有挑战性的事务。传统的刚性管理，正逐渐被柔性管理所取代。

美国女性研究和咨询机构 Catalyst 针对女性领导者做过一项调查，结果显示：在财富 500 强的企业中，女性领导者的数量对公司的平均资产收益率和股东回报率有着很大影响。那些女性领导者在企业管理层中占比最高的公司，比最低的公司在这两方面的收益分别高出 35.1% 和 34%。

成为一个既优秀又优雅的女性，是千万职场女性，特别是女性管理者都希冀实现的目标。那么，如何提升自己的柔性气场，展示出“心似海洋，温柔却有力量”的一面呢?

· 培养感召力

所谓感召力，简单来说就是一种领袖气质，是能够吸引人才、得到周围人用户的独特气质。感召力不是与生俱来的，而是需要天长日久的积累，包括学识的积累、品格的修养以及能力的锻炼等。

· 发挥关爱力

女性独特的生理构造，决定了女性天生比较感性，富有爱心、细心、热心、诚心与同情心等品质。如果把这些美好的品质运用到工作中，关注下属和同事的工作生活，体现公司或部门的人文关怀，更容易提升组织的凝聚力。况且，关注人性的管理模式，也是现代企业所需要的，每一位渴望在管理层有所建树的职业女性，都应当学会发挥这种性别优势。

· 展示亲和力

优雅的女性往往都给人一种温和、善良的感觉，在管理中这种平易近人的感觉也可以称之为亲和力，即待人接物不骄傲也不自卑，在上司与下属之间形成友好、和谐的氛围。亲和力是女性个人综合素质的集中体现，只有做到了内心平等地看待每一个人，没有偏见，不以自我为中心，才能彰显出温婉亲和的举止。

英国道德伦理学家塞缪尔·斯迈尔在《品格的力量》中指出，品格是成功的决定性力量。女性想要获得事业上的成就，更好地实现自我价值，除了在文化教育上努力之外，还要学会充分发挥女性独有的个性品质，以品格的影响力树立自己在团队中的威信。因为，品格的影响力与权力和地位相比，更有持久性和长远性，更能获得团队中人的自愿认同，而不是权力和制度压力下的服从。

要坚韧，不要坚硬

柔软，是一种温和地待人处世方式，同时也是一种美好的生命态度。

我这几年一直致力于心理领域的学习和实践，在心理援助的过程中，也接触到了不少游走在人生边缘上的女性。毫无疑问，现实社会的压力对女性是一项巨大的身心挑战，许多女人都不禁感叹，自己活得像个“八爪鱼”：要保证身体的健康，要追求身材和外表的得体，不能懈怠工作和事业，要兼顾家庭里的大事小事，要关注孩子的成长和学习……每一样都离不开身体和心力的付出。在重重压力的包围之下，很多女性承受不住，精神的弦“崩”断了。

坦白说，要回避压力是不太可能的，但化解压力的办法还是有的，心理专家张捷曾经就此问题给出过一个答案：柔软而不柔弱，坚韧而不坚硬。

面对生活的琐事或难题，我们不能柔弱到不堪一击，只会哭哭啼啼、怨天尤人、举手投降，那样改变不了任何东西；同时，我们也不能咬着牙一味地硬撑，明明已经濒临崩溃，却还不肯让自己停下，或向亲近可信的人求助。经不起任何事的人生，往往会一事无成；习惯硬撑的人生，往往更容易“折断”。我们真正需要的是，保持一份柔软的生命姿态，培养坚韧的品质，却又不失灵动，该进则进，该退则退。拥有了这样的状态，你也会欣喜地发现，有韧性的软，比刚硬的强，更有力量，也更持久。

这种柔软的生命姿态，很像是打太极拳。太极拳练的不是外在功夫，而是心性修炼。从形式上看，太极表现得缓慢、松柔、宁静，可练习者却能够感受到一种内在的能量，气息从外在的肢体组织渗透到五脏六腑及关节，人在松柔中感受到从身体的深层，慢慢地渗出汗珠。整个过程，没有勉强，没有过度，灵活的柔软又蕴含着韧性。

我不会打太极拳，但我现在越来越喜欢用“太极”的方式去过生活了。

曾几何时，我在生活和工作上也是那种“用力过猛”的人，即便很累、很疲乏，也咬着牙要自己坚持，就像一块坚硬的石头。我以为，这样可以换来更好的结局，却没料到，好几次都吃了大亏，要么是身体开始罢工，出现各种不适；要么是情绪失控，利用暴食或发怒的方式，去排解内心的压力与焦虑。

成长和理解的过程是漫长的，我很庆幸，最终从那个怪圈里走了出来。我意识到，努力、坚强、不认输固然重要，但那不该是生活单一的基调，而应该是一抹亮彩。尊重自己的身心节奏，该努力时全力以赴，该休息时陪伴家人，为美好的生活打拼与享受生活的美好，本是同步的、相辅相成的。累了的时候，允许自己“示弱”，给自己喘息的机会，给身边的家人、朋友照顾自己、安慰自己的机会，而不是一个人单枪匹马地应付所有。有趣的是，“太极式”的生活方式，非但没有影响做事的效能，还提升了生活的质量。

人的精力和意志力都是有限的，把它们全都用在了某一件事上，对其他的人和事，就会丧失耐心。就如《意志力》一书中所云：“我们对生活勃然大怒，然后转身吼起了孩子。”以这样的方式对待亲爱的孩子，我相信，不是任何一位女性、一位母亲的初衷。

很多时候，优雅不仅仅是外表的端庄得体，更是内心的柔软温和。这份柔软与温和，需要先把自己的内在安顿好，只有自己稳了，才不会因为外界的一点点风吹草动就乱了阵脚。生活从来不会变得简单，如果它变得简单，也是因为我们变得更淡定、更强大了。

活得优雅，先要卸掉伪装的盔甲，接纳自己的所有状态，无论好坏。不必故作坚强，也不必害怕示弱，真正的强大，是在不慌不忙中，安静地坚强。

Chapter 5

优雅的谈吐

第22课
文雅

文雅的谈吐深得人心

某男士走进了街角的咖啡馆，目光不由自主地被斜对面的一位女子吸引。女子穿着落落大方，黑色的直长发披在纤弱的背上，静坐在角落的椅子上。他像欣赏风景一般欣赏着眼前的画面，不料，这种安静和惬意很快随着一阵刺耳的声音灰飞烟灭了。

那位看起来文雅无比的女子拨通了电话，一口浓重的地方口音，分贝惊人的高，语态粗俗，全然不顾咖啡厅里的其他顾客……霎时间，男士扭过了头，对她的好感一落千丈。

哈佛大学前任校长伊立特曾经说过："在造就一个有教养的人的教育中，有一种训练是必不可少的，那就是，优美文雅的谈吐。"语言犹如女人裸露的灵魂，是思想的衣裳。谈吐优雅、声音悦耳的女人，纵然荆钗布衣，也会给人以落落大方、秀外慧中之感；而口无遮拦、嗓音高调的女人，穿着再怎么雍容华贵，也难以掩盖内里那一副肤浅的灵魂。

凡有教养的家庭，在教育子女的时候，往往都会嘱咐这些话：“见了人要打招呼”“借用别人的东西要说谢谢”“不小心碰到他人要说对不起”……听起来并不难，都是最基本的礼貌用语，但它绝对不是干瘪单薄的客套话，而是推己及人的周到与体谅，更是礼貌和教养的核心所在。所以，女人要随时注意自己的言行举止，保持应有的涵养和温文尔雅的气质，把锐利的谩骂、叫嚣、狠话过滤掉。很多时候，高雅与粗俗，就在开口的一瞬间。

怎样说话，才能展示出丰厚的涵养，以及温文尔雅的气质呢？

· 杜绝粗话

无论是何种身份，不经意间冒出的一句污言秽语，都会让女人苦心经营的端庄秀丽的形象顷刻间垮塌，甚至让人忘了她所有美好的东西，而单单只记住这句粗话。所以，不管面对什么样的人、处理什么样的问题，都要学会控制情绪，气急败坏、轻易动怒往往显示自己的心虚、浮躁。你可以用确定的词语说出自己的想法，也可以辩驳别人的观点，言辞可以激烈，但神态一定要斯文温和，切忌口无遮拦。

· 优化口头禅

每个人都有自己的口头禅，通常不知不觉就脱口而出了。别小看这件事，它就跟女人的外表一样，直观地反映出个人形象。口头禅说的是什么，往往体现着个人的文化素养，会让人习惯性地将“话”和“人”联系在一起。

当你把“您”“谢谢”“抱歉”“劳驾”这些有教养的词汇挂在嘴边，别人自会感觉到你举止文雅、有素养；当你把“没意思”“烦”“无聊”挂在嘴边，则会给人一种颓废、厌倦之感；倘若开口就说“神经病”“疯子”，就会让人觉得粗鲁无理。

· 开口不急躁

说话不急不躁、语速慢、声音低，在自然和舒适中可以透出女人别样的风情；如果分贝极高、说话噼里啪啦，则会给人以泼辣粗俗的感觉。更重要的是，在跟人交谈时，清晰有力、不急不躁，也会显得更加稳重和优雅，引起别人的重视与尊重。

· 过滤带刺的话

尖酸刻薄的话，容易让女人显得小气、素养不高，没有一丝宽容与温润。所以，说话前要三思，把那些锐利的谩骂、叫嚣、狠话过滤掉，让自己说出的每一句话都含蓄温婉，学会用智慧去回击那些在言语上伤害自己的人，有条有理，温和大气，绝对比叫嚣更有效。

概括言之，说话看似是一件微不足道的小事，却直接影响着女人的形象，以及他人对自己的态度。说话过于刻薄、狂妄、粗俗，都会令人对你的人格产生怀疑，即便你是有口无心。优雅的魅力不是一日修炼成的，而是从平时的点滴做起，不断提高修养。当你能够做到开口有礼、言行有度，自然就不会有人敢轻视和冒犯你，有了尊重的美，才能称得上高贵。

腹有诗书，谈吐不俗

奥黛丽·赫本是知性与优雅的绝佳代言，她的美从未因岁月的侵蚀而褪色。70岁时，她走访非洲儿童，那时的她早已没有了年轻时的样貌，但她拥抱非洲儿童的动作里、怜悯的神态中，依然透露出一种优雅和高贵。

奥黛丽·赫本说：“在非洲，我从来没看到过乞求施舍的双手，只看到不幸人的高贵举止，他们从没有憎恨过生活。”她神态文雅而平和，眼睛里饱含着纯真与善良，言语中透出了一种热爱生活、关注生命的气息。

女人的谈吐是内涵的外显，一味地凭借伶牙俐齿逞口舌之能，或是强言狡辩，只能让人觉得肤浅和粗俗；唯有具备了丰富的学识、充足的眼界作为底蕴，才可能妙语连珠，透过言谈显示出不俗。所以，女性想要让自己的谈吐不俗、更显知性和优雅，一定要多读书、多体悟生活，放宽眼界。

曾经的美国第一夫人杰奎琳，她的谈吐令世界多国领导人惊叹，这份惊艳的口才恰恰是源自丰厚的知识储备。据说，她的房间里有整整一面书墙，沙发上、小憩的地方都散落着书籍。其实，渊博的知识、睿智的头脑、优雅的谈吐，都来自平日里点点滴滴的学习和积累。看得多了，想得多了，就会逐渐形成自己的独特思想。

除了读书以外，人生的经历也是丰富内涵的一个重要部分。经历得越多，历练得越多，思想就会愈发成熟，看事情也就更容易看到本质。故而，在说话的时候，会一下子抓住要点，说出震撼人心、令人心悦诚服的话。女性本身有细腻敏感的特质，所以平时要利用感官去体悟生活中的声音、色彩和味道。或许，多年以后，由于岁月的缘故，你已不再青春曼妙，但你的内心却会对生活拥有更深刻的认识，在与人谈及各种事宜时，也会多一份沉稳与成熟，这便是岁月沉淀的美。

开阔的眼界也是谈吐不俗的一个原因，那些茶余饭后只会四处饶舌的女人，说得再多，也不过是枯燥乏味、令人厌倦的内容。平日里，多关注时一下热点，了解经济政治，有条件的话多出去走走、看看，有了眼界，说出来的话也会更有内容和有气度，彰显出的是一番雍容大气、见多识广的魅力，绝非只知柴米油盐、张长李短的庸俗妇人所能比拟的。

在具备了丰富的学识、开阔的眼界后，还要学会通俗地表达，让自己所说的内容能够为人所理解、所热爱，而不是把新名词、冷僻的理论、深奥的哲学道理挂在嘴边，显示自己的与众不同。就如康德所说，知性是介于感性与理性之间的一种认知能力，而非不食人间烟火，更不是卖弄神秘和学问。总而言之，知性与优雅需要渊博的知识底蕴，需要温和从容的神态，更需要生动形象、令人信服的语言，而不是单纯的文绉绉、小腔调。致力成为一个温婉大气、有内涵的女人，多读书，多看看世界，多提高修养，言谈举止自会别有味道。

第23课 温和

不做无谓的争论

刚来新公司的凌霄，总是受到老员工的排挤和打压。起初，她安慰自己说，新人大都得经历这个过程，做好自己就行了，不能太计较。但时间过了三四个月，那些老员工还是对凌霄摆出一副颐指气使的样子，这让她有点儿难以忍受。

那天，凌霄刚处理完报表，公司的娜姐又开始给她“布置”任务：“小凌，你把这份合同复印三份，快点儿，着急用呢！”娜姐说这话时，头也没抬，完全像是在给凌霄下命令。凌霄很生气，假装没听见，坐在工位上没动。过了一会儿，娜姐发现凌霄没反应，就提高了分贝说：“凌霄，你没听见我说话吗？把这份合同复印三份！”这回，凌霄也动怒了，说：“你自己不会印吗？我也有很多事要做。”

娜姐的性格一向很泼辣，她没有想到，平日里沉默不语的凌霄，竟然会跟自己公然“对抗”。愣了几秒钟后，她说了一句气话：“复印一下合同，会累死啊？能花多少时间？”凌霄针锋相对地回应道：“是啊，我也想问你，复印一份合同，能耽误你多少工夫？”

“呵，这是公司的事，不为公司做事，想当白拿钱的闲人啊？”娜姐怼了凌霄一句。凌霄一听，更加生气，吼道：“难道公司没给你开工资？我是雷锋吗？这是你的工作，凭什么让我做？已经不是第一次了……”

就这样，两个人你一言我一句的吵了起来，情绪纷纷失控。同事劝解了半天，也没让她们停下来，最后还是经理叫停了这场争吵。事后，经理分别找了娜姐和凌霄谈话。在跟凌霄分析这件事时，经理说了这样一番话：“如果你足够自信，认为自己做得没错，坚持就好了，她不会把你怎么样！她提高嗓门说话，是因为知道自己做的是错的，想通过争吵在气势上压倒你。如果你不跟她吵，她会更心虚，有理不在声高，这道理你不懂吗？你这样跟她争辩，只能说明，你内心不够自信。”

对于经理的话，凌霄回味了很久。泼辣的娜姐仗着自己是公司的元老，随便地轻视新人，可想而知，她的格局并不大。和这样的人去争论，表面上看像是在维护自己的利益，其实根本不奏效，反而透露出了自己作为新人的恐惧和不自信。

生活不是战场，不需要唇枪舌剑。争论无法显示出自己的正确与能干，只会暴露内心的软弱，更换不来他人的认可与尊重。在愤怒的情绪中，对别人大发雷霆、嘶声厉吼，心里可能觉得很痛快，但那种挑衅的语气、生硬的态度，很难让人信服。更何况，如果对方根本就不明事理，与这样的人争论，更是对自己无益的损耗。

对于层次不同的人，没必要刻意相融，也不必试图去改变对方，只要待在各自的圈层内，相安无事就够了。道不同，不相为谋，正是此意。对于那些鸡毛蒜皮的小事，也没必要争个对错。当别人向你发起言语攻击的时候，你不还击，看似好像是吃亏了，实际上却显示出了内心的淡定自若。毕竟，不是所有人都能够做到，不受他人的影响，不为他人的情绪所动。

优雅地回应指责

张律师最近接了一个棘手的案子，进展得很不顺利。事务所召开例会，同事陆小姐指出，现在的取证方法欠妥，这样下去的话，很可能会延期开庭，就提出了一个新的建议。话音刚落，就遭到了张律师的回击，她说："你凭什么觉得你的想法就一定是对的？你知道我是怎么想的吗？别以为你学历高就了不起，你能干的话，那你自己干吧！我不奉陪了。"说完，张律师就要起身离开。

当着这么多人的面，陆小姐被张律师这样训斥和指责，心里也不舒服，且整个会场的氛围都变得很凝重。但她很清楚，在这样的场合跟同事争执，绝不是聪明的选择。陆小姐做了一个深呼吸，平心静气地解释说："对不起，张老师，我没有别的意思，只是提出一个建议供大家参考。咱们一起工作三年了，也合作过好几次，都很默契。如果您觉得我的提议不合适，权当我什么也没说；如果我说话的语气让您觉得不舒服，您就当我犯了职业病。您先坐下，咱们有话好好说，别因为一时冲动影响了多年的同事关系。”

听完陆小姐的这番话，张律师的愤怒情绪也消退了一大半，她也意识到自己刚刚的情绪太过激了，说的话有些重。她不好意思地回到了座位上，刚刚那股“山雨欲来风满楼”的紧张氛围，顿时也变得轻松了许多。

事后，张律师做了深刻的反思，她理解了陆小姐的提议，并对她今天的举动萌生了感激与敬佩。就这件事来说，陆小姐比她表现的更宽容、更大度，也更有修养。尽管自己指责了对方，但陆小姐没有直接翻脸，而是从同事之间的私人感情出发，诚恳地向自己道歉，还详细地说了两个“如果”，先消了自己的火气，之后才解释她说话的真正意图，顺利地化解了矛盾。如果今天的自己真的愤然离场，后续的局面会更难处理。

与此同时，张律师也觉得，今后要向陆小姐学习，好好控制一下自己的情绪。特别是在面对他人的指责时，如果一时情绪激动说了刺耳的话，对他人造成的影响不仅仅局限于此，还可能让原本简单的事情变得复杂难解。所以，面对指责，真的要学会优雅地回应。

指责不一定都是刁难，要看对方是什么意图。如果对方是善意的，想提醒你某些方面做得不够好、不恰当，那不妨听听对方的意见，或许真的有价值和意义。一个人如果听不进去他人的劝告，就会变得自恃清高、刚愎自用。

即便对方的指责毫无道理，也要记得保持冷静，不要与之争论。倘若对方的话扭曲了事实，或属于恶意中伤，最好的处理方式就是以柔克刚，根据时间、场合、指责的内容，用不同的方式回应他，比如：“也许你说得对，我不是每件事都过问大家的意思，那你觉得我该怎么做，才能让团队协作得更好？”“你说的也许是对的，我原来没有这样的感觉，我回去再认真思考一下。”这样一来，你就不会因为指责而心情暴跌、赔上人情。更何况，见不贤而内自省，本身也是学习和提升自我修养的机会，它时刻在警示你：不可像他那般无理。

其实，怎样看待和处理他人的指责，考验着女人的智慧与底蕴。自卑的人会郁闷，自傲的人会愤怒，唯有自信的女人才懂得合理应对，运用智慧处理好人际关系。

第 24 课 婉转

收起发号施令的姿态

丝丝在一家广告公司做助理已经有四年了，她性格开朗，待人随和，跟同事们相处得很融洽。可是最近，新来的企划部经理林美，却给丝丝带来了一些困惑和烦恼。

上周，有一位重要的客户来公司约谈合作的事。丝丝和往日一样，正准备去给客人沏茶，没想到林美却突然摆出一副发号施令的姿态，冲着丝丝说："还不赶紧去倒水？"丝丝听了，心里很不舒服，随口就回应了一句："我肚子不舒服，着急去洗手间，你先让别人去吧。"

周围的同事都看得出来，丝丝不是故意针对林美，她一直以来都是很温和的。只是，林美每次说话的口气，让丝丝难以接受。其实，这不仅是丝丝的个人感受，其他同事也有体会，内心的感受和想法和丝丝如出一辙："就算你是企划部经理，那又怎样？难道作为普通职员，就不值得被尊重吗？就算你的提议是对的，就不能换一种口吻说话吗？为什么非要摆出一副，你是‘主人’、我是‘仆人’的样子？公司有上下级关系，但人格上都是平等的。”

遇到林美这样的同事或上司，确实令人不悦。其实，她大可以友善地说一句：“麻烦你帮客人倒一杯水”，温婉柔和，听起来也让人觉得舒服。身为上司，用粗暴的态度对下属说话，还想得到下属的合作，显然是不可能的。在尖锐对峙的情况下，没有人能够说服对方，因为不管是谁，处在什么位置，都不愿意听到别人用命令或强迫的语气跟自己说话。

可能有些女人会说，这不过是礼貌上的问题。事实上，这不仅仅是礼貌的问题，从听者的角度来看，有人用这种发号施令般的方式对自己说话，无疑就是摆出了一副高高在上、唯我独尊的架势，根本没有发自内心地尊重自己。从听到对方命令的那一刻起，心里就充满了抵触和反感，有了这样的负面情绪，再谈什么都是枉然。

换位思考一下：你乐意听从别人的指使吗？你喜欢别人告诉你应该怎么想、怎么做吗？还是那句话，礼貌和修养的核心，是推己及人的周到与体谅。事实上，想达到预期的目的，除了强硬地命令他人，还有很多可选的方式，比如，用建议替代指使，用请求替代指使，用商量替代指使，甚至用赞美替代指使，都可以令人信服、令人乐于执行。

要知道，把命令变成建议，不仅可以维持一个人的自尊，给他人一种自重感，还能够让对方更乐意合作，消除对立的情绪。人人都是平等的，不要以为自己比他人聪明，地位比别人高，就算真的如此，但在人格与人性上，彼此也都是平等的。试着把自己放在一个与人平等的台阶上，用商量的语气与人交流，很多时候都可以心平气和、圆圆满满地解决问题。

为人处世的基本原则，就是懂得尊重别人。你敬人一尺，别人自会敬你一丈。所以，收起命令的语气和高高在上的姿态，用委婉和善的言辞去提议，不仅让别人听得舒服，容易接受，也更能从中显现出你的品德与修养。

说话不要“太直接”

前些年在看电视剧《辣妈正传》时，对邬君梅饰演的能力超强、个性鲜明的时尚女主编李木子，印象深刻。她很像中国版的“穿 PARDA 的女王”，做事雷厉风行，有常人难以企及的忍耐力和意志力，同时也非常理性。为了在职场中脱颖而出，她付出了诸多的努力。

作为荧幕上的角色，李木子的形象绝对是深入人心的，但如果置身于现实中，这样的女性多半会招惹人烦感。因为她做人做事太过“直接”，少了女性的温婉与轻柔，让人觉得有点冷漠，甚至不近人情。尤其是跟下属说话的姿态，更是让人觉得她周身带刺。

剧中有这样几处情节：李木子当众指责女下属穿衣很“老土”，就算是面对穿着打扮颇令她满意的女下属，也不忘嘲笑对方的职位只是一个小前台，赚的钱不多；她当着全公司的人，指责孕妇变“傻”了，做事效率低……所有的言行都是直截了当，尽管看起来很坦荡，可总是让周围的人下不来台。

艺术中呈现的形象，会创造出一些喜剧效果。可真遇到了这样的女上司、女同事，谁能笑得出来？想真正博得他人的尊重与敬畏，无论处于什么样的位置，都必须三思后再开口。有些话，直说未必能够表达清楚自己的本意，试着婉转一些，也能够达到预期的效果，而且委婉的语言既不锋利也不生硬，多了一份柔和的美，更容易令人接受。

在一次新闻发布会上，记者们追问一位女企业家：能不能讲一讲你的成功秘诀？女企业家开始分享自己奋斗的历程，但记者们似乎并不乐意听，屡屡追问有关“天才儿童”的话题。女企业家声称自己没有过那样的经历，可记者并不买账，继续追问。

这个时候，女企业家的助理站出来，对记者宣布说：“抱歉各位，该说的都说了，各位请回吧！”台下一片喧哗，瞬间议论纷纷，甚至有人指责女企业家“摆架子”。

女企业家见氛围不太融洽，就请大家安静下来，稍微停顿了几秒后，缓缓地讲起了一个故事：“小时候，我在家里的后院种了一株花，总是问母亲它什么时候才能开花？母亲说，经常给它浇水，适当地施肥。于是，我每天都给花浇很多水，希望它早点开花。母亲看到后告诉我，花和人一样，一下子浇水太多，会被撑死的。后来，我就慢慢地浇水，每天一次，不知不觉，那株植物就长出了花苞，不久后就开花了。如果你们问我有什么成功秘诀，那就是每天不停地努力，一点一点地收获回报。”听过这番话，台下传来热烈的掌声。

面对记者的追问与刁难，助理的直截了当并没有换得期待的结果，反而给人留下了话柄。关键时刻，女企业家不愠不火地讲了一个动人的故事，挽救了尴尬的局面，并赢得了大家的尊重。可见，处理问题要讲究方法，直来直去并非一个好的选择。

优雅的女人，向来都是温婉的，更懂得融合与变通，遇到尴尬难堪的处境，更是如此。她们自己说出的话，不会刺痛任何人，但会像柔软的清风一样，让人在烦闷中感受到清爽。

第25课 慎言

交情微酣，多说无益

《孔子家语》里记载：孔子到周朝观礼，到了后稷的庙时，见到三尊金砖人像。他几次欲言又止，而后在金人像的背后题字：“这是古时说话小心的人，要以他为戒！不要多说话，多说话就会有过失；不要多找事，多找事就会多祸害。不要说没什么危害，那是很大的灾祸！”

言多必失，阐述的道理正是如此。女人大都比较感性，特别是在遇到性情相投的朋友时，总觉得彼此之间是可以交心的，在说话的时候就忽略了很多必要的顾虑。殊不知，交浅言深会惹出不少的麻烦，可能会触碰到别人的底线，给人留下不好的印象。

素素在一家公司做人事主管，能得到现在的这份工作，多亏了朋友朱洁的帮忙。朱洁也在这家公司上班，算是老员工了，当她从人事专员的岗位被调到其他岗位上时，她主动推荐了素素顶替自己的职位。在素素刚入职的那段时间，朱洁也帮了她不少忙，两人关系很好。

现如今，素素已经从专员升到了主管，并开始带一些新人。朱洁性格大大咧咧的，以前跟素素单独相处，说话也没那么多忌讳，这种方式也就延续了下去。她忽略了，素素的身份已是一位中层管理者，也需要在她下属的面前树立威信。所以，有好几次跟人事部的同事一起吃饭时，朱洁都因说话遭到了素素的白眼。

当着素素下属的面，朱洁毫无忌讳地说起“过去”的事：“嘿，你还记得吗？当时第一次去办社保，你竟然跑错了地方，去了隔壁的人才中心，急得都快哭了！”有时，又会对素素的衣着打扮评头论足：“你这衣服什么时候买的呀？我觉得颜色太暗了点儿……”

起初几次，素素都忍了，可见朱洁并没有收敛，她就在微信上怼了朱洁：“你能不能少说点话？有些事我们知道就行了，没必要拿出来当笑料吧？朋友之间，不该给彼此留点面子吗？你让我在下属面前怎么抬头？拜托，说话之前，先在脑子里过一遍，别什么话都拿出来说，伤了别人还不自知。”

看到这些话，朱洁才意识到，自己确实犯了大忌。原本是无心的，不过是习惯了这样说话，不曾想惹出了这么大麻烦。回想起来过往的某些片段，她甚至感到有点儿惭愧。

一个人的语言，往往是其思想最直观的外显，也是精神修养、文化层次与审美情趣的集中表现。举止优雅的女人，在言谈上也是很有分寸的，她们不会说过多的话，因为深谙言多必失、祸从口出的道理。哪怕是交情微酣或话语投机时，也会提醒自己把好口舌关。

与人闲聊，想融洽气氛，说“三分话”就够了。这“三分话”指的是，风花雪月，柴米油盐，天上地下，山海奇观，都是一些无关紧要的事，说得兴味淋漓，皆大欢喜，就已达到了效果，且可以避免“交浅言深”的麻烦。若是重要的、严肃的话题，甚至是关于隐私、商业机密的事情，一定要把好口风，说话之前多在脑子里过几遍，谨慎出口。

不在背后议论任何人

“你能保守秘密吗？”

“当然能。”

“那么，我也能。”

上述的这番对话，是一位朋友向就职于海军时的美国前总统罗斯福打探美国军事机密时发生的。那一句“你能保守秘密吗”，像极了生活中的日常片段，而接下来的肯定回复“当然能”，也往往是打开话匣子、暴露秘密、传谣是非的开始。但，机智幽默而富有修养的罗斯福，却用了一句“我也能”，给谈论的话题优雅地画了一个句号。

会说话是一种智慧、一种艺术，可置身于不该说话的场合，面对不该谈论的内容，守口如瓶却是一份顶级的自律。特别是在闲聊时，不打听、不打探、不评论别人的隐私，更是一份难能可贵的修养。人与人之间真正的关心与尊重，不是打破砂锅问到底，而是默契地心领神会。那些喜欢议论别人的人，通常也是刻薄寡情的，妄图通过谈论甚至贬低别人，来突显自我的优越，满足内心的不平衡。

朋友乔是一位旅美的女学者，她在谈到背后议论他人这一话题时，由衷地发出了这样的感慨："我在美国和俄罗斯时，从来没有人在我面前说第三个人的坏话，倒是我自己，时不时地犯这个毛病，在一个人面前对不在场的某个人进行一些评论。后来，有个俄罗斯的朋友跟我说：'在我们这个地方，和一个人议论另一个人的事是不道德的。'我当时觉得特别尴尬，也很脸红，觉得自己挺没修养的。从那以后，我就把这个坏毛病彻底改了。"

其实，不在背后窃窃私语、议论他人，也是优雅处世的一个特质。可以试想：当我们望见了一位各方面条件都很出众的女子，正向她投去欣赏的目光时，却听到了她与朋友交头接耳，对其他人评头论足。这样的一瞬间，就会让她之前在你心中的美好形象彻底坍塌。

当然，有些女性在背后议论他人的目的，是因为个人的情绪得不到宣泄，希望找一些"志同道合"的人。如果用分享他人的隐私、议论他人的是非来换取友情，那真的是对友谊莫大的误解，甚至是亵渎。殊不知，你在议论他人的那一刻，就已经明明白白地告知了对方，你是怎样的人？你值不值得交往？

对方的心里也会有一个声音隐隐地提醒她：今天的你，可以用这样的方式对待别人；明天的你，也可能用同样的方式对待我。如此，怎敢让人交心？

真正的教养，往往都渗透在细微之处；优雅不是伪装出来的，而是有根植于心的原则和强大的自律。无论何时，都不要在背后议论他人的是非长短，更不要过度关注别人的隐私；对于自己不了解的情况，或是没有真凭实据的事情，即便别人说得再热闹、再真切，也不要轻易附和，更不要添油加醋。

美国作家菲茨杰拉德在《了不起的盖茨比》中这样写道："每逢你想要批评任何人的时候，你就记住，这个世界上所有的人，并不是个个都有过你拥有的那些优越条件。"每个人都有自己独特的经历、自己要走的方向，不能总站在自己的角度去评价别人的生活，不能总用自己的眼光随便去揣测他人的意图，因为我们不是别人，也不了解他有过怎样的过往，有过怎样的悲欢离合。

其实，在对别人进行价值评价的那一刻，也就拉低了自己的层次。不了解事情的真相，妄加评论自己没有亲身经历过的事，不过是"子非鱼"，没有任何意义。不随意揣测、妄加评断、轻言善恶，不仅是深入骨子的修养，更是一场自我修行。

第 26 课
从容

不愠不火地应对刁难

生活偶尔像眷顾众生的天使，送来温暖或徐徐的清风；生活偶尔又像翻脸无情的怪人，无厘头地泼上一盆冷水，浇熄所有的美好。没有谁会一直生活在明媚的阳光之下，总会遇到狂风骤雨和阴风浊浪，难免会受到冷言冷语的嘲讽与刁难。这些东西固然不美好，但也并不可怕，怕的是暴风雨尚未真的到来，我们却先浇透了自己。

露露的第一份工作是在某 IT 公司做行政助理，她的直属上司是个出名了“难缠”的人，我们姑且就叫她橙子吧！当然，上司的“难缠”只有公司的同事们知道，老板是不知道的，因为空降到公司做中层的她，是老板跟前的“红人”。

对工作上的事，露露尽心尽力做好，虽然经验不足，但诚恳的态度是有目共睹的。依照当时的表现，露露是可以提前一个月转正的。她需要加快转正的时间，刚毕业的她手头拮据，如果多几百块钱的工资，房租就有着落了。于是，在试用期第二月结束后，露露连夜写了一份转正申请，第二天交给了橙子。

橙子看过后，脸上挂着笑意，说会帮露露争取的。可是，两周之后，露露等来的并不是转正通知，而是转职。橙子说，公司对内部人员进行调整，门市部的人手不够，让露露去那边工作。露露不想去门市部，主要原因是，门市部距离她现在的住地太远了，上下班很不方便。于是，露露就把自己的困难直接告诉了橙子。

不料，橙子回怼露露说："全国上下一盘棋，公司的人事调动决定是慎重的。"后来，露露私下听一些同事讲，自从橙子负责人事工作以来，已经不止一次给员工乱调岗位了，一个在A门市部做了三年的老员工，硬生生地给人家调到B区，弄得人家都想离职了。无奈，橙子深得老板的器重，很多事老板自然都信任她。

露露很倔强，不肯转职。为了这件事，她和橙子商量了好久，每次谈话的最后，橙子总会用"公司的决定是慎重的"来压她。一气之下，露露竟然跟橙子在办公室里吵了起来，她指责橙子自私，能力不行，不考虑实际情况胡乱安排调岗，自会巴结领导……露露的声音很大，一改往日温顺的性情。虽然露露讲的很多都是实话，替许多同事出了闷气，可这样的处理方式还是太扎眼了，且惊动了领导，给公司造成了不良影响。

在公司里闹了这一出后，露露没等领导找她谈话，就主动提出了辞职。走出公司的那一刻，她觉得无比轻松。可这份轻松没有持续多久，烦恼就来了。刚毕业的她，原本就没什么积蓄，重新找工作也不容易，那一整个夏天，她都处于失业状态。生活的不易让露露冷静了许多，想起不久前的离职，她不得不承认，自己萌生了一丝的悔意。

露露扪心自问：当初真的是不愿意去门市部，还是对橙子有偏见，不满她的行事作风？如果单纯是工作上的事，真的没有其他办法解决了吗？冲着橙子发脾气，让她在办公室里难堪，自己不也丢了工作吗？如果自己心平气和地接受了安排，难道就没有“翻盘”的机会了吗？也许，橙子的初衷就是为了激怒自己，让自己这个“刺头”主动离职呢？

每个女人在成长成熟的过程中，都难免会遇到坎坷挫败，无论生活还是工作。那一次的经历，让露露多了几分理性。自此，在工作上，面对他人有意或无意的“刁难”，她都会提醒自己冷静、不急躁，更不会因为一时冲动做出让自己后悔的事。她明白了，因为一句话就让自己暴跳如雷，只会显得修养不够，定力不足。最通透的选择，是泰然自若地证明自己的能力和修养，不愠不火地应对刁难，而后轻轻地告诉自己：这本就是生活的一部分。

流言蜚语，任凭它去

1935年3月8日，一代影后阮玲玉在难以承受的流言蜚语中，结束了自己年仅25岁的生命，含恨留下“人言可畏”的遗言，以此印证了“舌根底下压死人”的俗语。

活在世上一天，就免不了要承受外界的流言蜚语和各种评论，真的、假的，好听的、难听的，谁也无法阻止它们的出现。你美丽富有，会有人因嫉妒生恨，刻意诋毁你；你清贫平庸，会有人轻视鄙夷，看不起你；你精明能干，会有人说你善于算计；你与世无争，会有人说你软弱好欺。照此看来，不管你怎么做，你活成什么样，也难以赢尽所有人的心。

回想自己十几岁到二十几岁那段岁月，大抵是因为太过年轻，还不太懂得人都有自己的功课，都有权利选择自己要走的路，于是特别在意别人的看法。哪怕是一两句无心的调侃，也会刺痛心里的某根神经，故而在说话做事之时，往往会违背内心的真意，只为换得他人的一句肯定与认可。正因为此，浪费了很多时间和精力，也积藏了许多的委屈和憋闷。

青春是美好的，但让我重新回到那个时候，我是不愿意的。相比年轻，我更喜欢现在这个略带从容的自己。起码，我不会再把外界那些刻意贬低、恶意嘲讽，放在眼里、装进心里。美国心理学家帕翠丝·埃文斯在《不要用爱控制我》中写过这样一段话："人们评价我们，实际上是在假装知道我们的内心世界，是在对我们的精神边界进行攻击。如果接受这些攻击，我们会暂时迷失自我，屈服于别人的控制。"

是啊，很多时候，我们被激怒了，把流言蜚语当真了，往往就已经"输"了。输掉的，是自己的生活，是平和的情绪，还有一份美好的修养。美国华裔心理学家黄维仁说过，特别在意他人评价的人，就像自愿当别人的"傀儡"。别人的一言一行、一颦一笑，就操纵了他的喜怒哀乐。这是内心缺少“主心骨”、缺少自我肯定的表现。

想活得自由，活得舒服，活出自己，其实是需要有“被讨厌的勇气”的：允许别人不喜欢自己，甚至讨厌自己，也接受这个事实，并继续坚持做自我认可的自己。优雅从容的态度，往往是以正确的自我认知和恰如其分的自尊为奠基的，清楚地知道自己最有价值的地方，也清楚地知道自己的弱点与不足。当别人毁谤自己时，能够及时提醒自己，我不是一无是处；当别人过誉自己时，也能保持清醒而非自我膨胀。

为了他人的流言蜚语、不公正的评价，大发雷霆、争论不休，实在毫无意义和益处。这就好比，站在玩具店门口的两个孩子，指着橱窗里的瓷娃娃存钱罐评头论足，他们不了解瓷娃娃的夸张造型，就展开了强烈的批判和指责。作为玩具店的老板，要因为两个孩子的评论和指责，让瓷娃娃彻底下架吗？显然，没有人会这样做，毕竟孩子的审美也是不同的，他们不喜欢，不代表瓷娃娃不好看；他们不喜欢，也不代表别人不喜欢。

一个人成熟的最大标准就是，知道自己想要什么，知道自己想活成什么样子，而不是盲目地活在别人嘴里，跟随他人的褒贬和喜好去改变自己。流言蜚语，凭它去吧！

第27课 倾听

学会共情地倾听

女友秦岚平日里性情温和，遇事不急不躁，可提到陪孩子学习的事，她却经常有失常态，甚至感叹着说：“原以为自己还算是个有修养的妈妈，没想到也会为了学习的问题，跟孩子闹得歇斯底里。事后想想也觉得不应该，可当时就是忍不住……”

这样的状态持续了一年多，直到前不久，再次遇到秦岚，谈起育儿的话题，她的状态和感触，让我大吃一惊，也让我受益匪浅。秦岚说：“我现在发现，陪伴孩子学习时，不能成为一个指指点点的说话者，而是要变成一个倾听者。出现了一个问题，你指出来或批评，不如询问孩子，让他告诉你答案。在告诉你答案的过程中，你可能会意识到，你之前的判断和揣测都是自己的预判，也许并不是事实。”

秦岚谈到，她之前在辅导孩子写作业时，经常会郑重其事地对孩子说："你知不知道，你做这件事花费了1个小时，其实这点事情半小时足够了，你浪费了很多的时间……"孩子不吭声，但过了片刻，眼泪开始噼里啪啦地往下掉。见孩子哭了，秦岚忽地感到一阵憋屈和愤怒，产生这些情绪的原因是，秦岚觉得自己并没有大声斥责孩子，可孩子却表现得无比委屈，弄得好像她这个妈妈不可理喻。

后来有一次，在发生了这样的情况后，孩子主动提出："妈妈，我想解释一下刚才的事。"秦岚坐下来，让孩子慢慢说，结果她听到了这样一番话："我写作业的时候，不知道我写得慢，是你告诉我，说我浪费了很多时间，我才知道，我写得那么慢。你不是说，写作业要认真吗？我是在认真写的，我想把它做好……"

秦岚感到一阵惭愧，如果不是孩子主动提出要解释，她恐怕到现在都不知道事情的真相，还坚守着自己的"真理"。同时，她也强烈地感受到，想做一个不急不躁的妈妈，想实现优雅地教养，少一点指责和评价，多带着共情去倾听，可以融化许多误解与冲突。

事实上，不只是亲子关系之间需要共情与倾听，其他的关系也是一样。

很多夫妻想不通，为什么自己的婚姻关系会变得冲突不断？提及此事，听到的答案往往如出一辙："她总是说我这不好、那不好""他太懒了，一点上进心都没有"……总之，任何一方都觉得，夫妻关系冲突是对方导致的，不是自己的原因。

在碰到问题发生冲突时，许多夫妻更是你一言、我一语地为自己争辩，力求证明“我对，你错”。殊不知，互相谴责对方，是毁掉所有情感关系一大杀手。更何况，这种对称式升级的吵架，根本无法解决任何实际问题，如果你把夫妻双方所说的话单拿出来，会发现两个人说得通常是两件事、两个问题，完全是“自言自语”。

有冲突不可怕，也是很正常的事，关键的问题在于，如何学会正确地解决冲突？如果其中有一人能够懂得在倾听中了解对方的需求，共情对方的感受，这个架是很难吵起来的。换句话说，与他人优雅融洽地相处，要克服以自我为中心的心理，无论对方在抱怨还是在指责，去关注他的需求、他的感受，让他感受到你是理解他的，那么这种负面的情绪就会下降。

当孩子在做事时表现得拖拖拉拉，或是流露出极不情愿的情绪时，别急着去指责他、批评他，问问他是什么原因？在想些什么？听听他的想法和感受，置身于孩子的立场去共情他，结果往往会大不一样，既避免了鸡飞狗跳的亲子争吵，也实现了优雅教养的初衷。

当爱人在抱怨或发脾气时，倾听这些怨言背后的需求，然后让对方知道，你理解他的处境、他的感受，允许他有情绪，也接纳这种状态的他，那么你收获的不仅仅是一段更加牢固的亲密关系，也无形中锤炼了自己的修养。

如果你不太清楚怎样共情倾听，下面的几个小方法，或许能帮到你：

· 重复对方说过的内容（比如：你觉得很委屈……）

· 用自己的话重述对方说的内容（比如：你是说……吗）

· 替对方表达他内心的感受（比如：你现在一定很难受……）

· 不论断、不评判，无条件地倾听（比如：我能理解，你继续……）

不随意打断别人的话

三个闺蜜相约下午茶，原本是为了添点乐趣，不料却闹得不欢而散。

茉莉正在兴致勃勃地分享自己此次旅行的所见所闻，刚说到某种美味小吃，就被旁边的牡丹把话截住了："你说的这个东西，我也吃过，上次我在……"茉莉有点儿扫兴，但还是耐着性子听牡丹把话说完，才又继续自己的旅行分享。当茉莉说到自己在异乡遇了一位有趣的驴友，正准备讲述趣事时，牡丹又打断了她的话："对对，你说这个，我也想起来了，之前我去西藏那次，在路上也碰到了一个怪人……"

这样的情况，接连发生了三四次，茉莉心里虽憋闷，可碍于面子，并未说什么，毕竟也只是趣闻趣事的分享，算不得大事。可今天的这次约会，她还想跟闺蜜们诉诉苦，因为最近公婆来了她家，家庭氛围并不太好，她也是心烦才跑出来跟朋友聊天。

当茉莉愁眉不展地倾诉家长里短的那些事时，尚未成家的牡丹，再一次打断了她，且丝毫没有顾及茉莉的处境和感受，反倒有种"站着说话不腰疼"的戏谑味道："哎，我这辈子是不打算结婚生子了，听你们说这些事，我都觉得头大，还是我现在这样好，一个人吃饱全家不饿，想去哪儿就去哪儿，没有什么牵绊……”

原本说话时被牡丹无故打断，茉莉就已经很生气了，再听到这样的话，她更有一种被羞辱、被嘲笑、被落井下石的感觉。尽管她也知道，牡丹那个人心眼并不坏，耿直得有点儿没心没肺，但在这样的时刻，听到这样戳心的话，她还是忍不住朝牡丹发了脾气：“是，谁也没你过得滋润，你好好滋润吧，我回去继续遭罪了！我活该。”

说完，茉莉背起包扬长而去，留下牡丹和另一位闺蜜，场面很是尴尬。牡丹大概也意识到了，自己这次是真的说错了话，惹怒了茉莉，便不再言语。片刻后，牡丹撇着嘴问另一位闺蜜说道：“我是不是又犯错了？”另一个闺蜜提醒牡丹：“我们都知道你性情直率，可是好朋友之间，说话太直接，也会伤感情的。今天，茉莉就想找咱们说说话，你好几次都没让她说完，最后还说了那些话，她情感上肯定接受不了。让她缓和一下吧，之后有机会，我们再把这件事开诚布公地说一下……”

培根说过：“打断别人，乱插话的人，甚至比发言冗长者更令人讨厌。”

也许，牡丹不是有意伤害自己的朋友，可这种行为却显得不太有礼貌。毕竟，再亲密的人，再要好的朋友，也要讲究相处和沟通的方式方法。

一个有教养的女人，随时都会提醒自己，不要轻易打断别人的话。哪怕对方所说的事情，自己真的不太感兴趣，或者有不同的意见，也要先耐心听别人讲完，礼貌地回应后，再转换话题。如此，既表现出自己的修养，也会让对方觉得你很重视他。

如果是对方与你说话的时间太长，且话题不再吸引你；又或者你有重要的问题要沟通，不得不中断对方的话，那就要掌握一点儿技巧了。你要考虑好，在什么时候中断较为合适，且照顾对方的感受，避免造成不愉快。

如果你不同意对方的说法，也不要急着打断对方。倘若关系比较熟悉，或是问题特别重要，可以先表示一下态度，等对方说完后再做详细的阐述。但要记住，无论分歧多大，都不要恶语伤人，或是出言不逊。总之，只有你去尊重别人，才会受到别人的尊重，而尊重对方最起码的要求就是，不要随便地打断对方的话。

Chapter 6

精致的生活

第28课 节奏

保持节奏，混而不乱

朋友付晓是一家公司的主管，能够坐到今天的这个位子，她靠的是不断保持生命力的工作态度。如果没有把事情做完，她就不由自主地觉得怠惰、沮丧，甚至还有负罪感。但问题是，不管每天的脚步多匆忙，做了多少事，她还是觉得不够。一旦闲下来，就觉得空虚无聊，似乎只有忙碌的快节奏生活才能让她感到踏实。当然，我也知道，她的内心对于实际的工作也会感到压力重重，精神透支且枯燥乏味。

长期以来，付晓一心扑在工作上，虽然她住的地方风景优美，清静悠闲，可那似乎跟她没什么关系。她总担心自己变得懒惰，且无法做好任何一件事。这种想法让她沮丧极了，她觉得自己跟陀螺一样团团转，唯有消掉工作表上已经完成的任务那一刻，才有一丝的轻松。

我很担心付晓的状态，不由得想起自己之前的一段经历。

去年冬天，为了一个工作项目煞费心思，把自己的作息规律和正常饮食都打乱了。最痛苦的是，整个人的情绪状态也是一塌糊涂，对身边的家人失去了耐心，对朋友的邀约提不起兴致，不是郁郁寡欢，就是大发雷霆。后来，这种情绪扩散蔓延开来，让我在冲动之下对自己的合伙人也发了脾气，说了很多无厘头的话。

事后，我是很后悔的，也意识到了自己的做法失去了理智。我主动跟他道了歉，好在合伙人了解我的个性，知道我是因为压力大导致的情绪失控，也并没有影响后续的合作。但那次处事问题的方式，却让我俨然成了一个歇斯底里、不可理喻的人。

这件事成了一个警示，并引起了我的反思：到底是什么让我彻底失控？仅仅是一个难度较大的工作项目吗？不，过去的这些年，我也在不断地接受挑战，却并未表现得这么急躁不安。思前想后，才意识到真正的原因在于，我丧失了自己的节奏。

人的意志力是有限的，当我把所有的精力全都置身于一件事上时，甚至不惜挤压吃饭、睡觉的时间，剥夺陪伴家人、享受朋友欢聚的权利时，我成了这个工作项目的傀儡。有关它的一个电话、一个建议，就让我放下所有，把自己投入其中。我大概真的忘了，我是一个活生生、有血有肉、有情感的人，尽管我的初衷是想把这件事情做到最好，可我不该变成任由它指挥的傀儡。正确的关系应该是，我去掌控时间，掌控进度，而不是被牵制着往前跑。

身处这个强压力时代，我们要努力去绽放自己的价值，不能随心所欲地放纵自我。但，承受压力和优雅生活并不是对立的，两者可以同时存在，前提是我们要成为自己生命、生活以及时间的主宰者。就像，你喜欢喝咖啡，但不是非要放下工作，在彻底无压力的时候，才能够去享受一杯醇香的美式，或一杯浓滑甜蜜的摩卡，在忙碌的过程中，不时地去品一口咖啡，也是一种选择。就像你喜欢柔软轻盈的连衣裙，不一定非要穿上高跟鞋才能凸显它的优美，一双能踩出力量的轻松惬意的运动鞋，也能演绎出柔中带刚的时尚穿搭。

美的力量，优雅的姿态，不是逆来顺受，而是刚柔并济，混而不乱。

慢一点儿，没关系

初夏时节，路过泰州的黄桥古镇，索性就在那儿待了一整天。

黄桥古镇不比云南的丽江古城，不是一个被圈起来的旅游景区，它就坐落在街边的商业街后面。在街头找一辆共享单车，骑行在斑驳的石板路上，骑着它慢慢地进入小巷，不慌不忙地走街串户，寻访小镇往日的气息。那些古老的房子都比较矮小，青墙也脱了色，但多数房子都还有人住着。中午时分，还能嗅到饭菜的味道，烟火气十足。

那一刻，我的脑海中忽然冒出了木心先生的诗：从前的日色变得慢，车、马、邮件都慢，一生只够爱一个人。寥寥数笔，却描绘出了慢时代的美好与珍贵。我也不由得想到，精致和优雅的美，都是在慢生活的态度里沉淀出来的，它需要我们的内心是平和的、宁静的，更需要我们活在当下。一旦太快了，就会慌张急躁，患得患失。

提及“慢生活”，想必会有不少人心存疑虑：在竞争如此激烈的社会中，慢下脚步，会不会被淘汰？其实，“慢生活”并不是懒惰的代言，放慢速度也不等于拖延时间，它只是要我们在生活中寻求到一个平衡点，同时具备事业心和平常心，一份是给自己独立生存的保障，一份是给自己幸福生活的信仰。

据说，当初意大利作家卡罗·皮迪尼为了抗议在意大利罗马广场上新建的一家快餐店，在小镇巴沃罗发出“即使在最繁忙的时候，也不要忘记享受家乡美食”的呼吁。这次呼吁，掀起了一股全球性的“慢生活”浪潮。后来，“慢腾腾”就逐渐成为了一种独特的生活方式，比如：在轻松的环境下吃精心烹制的食品，不接听手机，不上网，慢读书、慢运动。工作之余的“慢”生活，给自己更多的时间去细细品味生活。

生活不是一场赛跑，而是一段旅途。我们应该慢慢走，问问自己到底要的是什么，而自己当下又在做些什么？我们可以试着为自己做个简单的计划：每天中午花半个小时的功夫，闭目养神；按时下班，少坐两站地，体会慢慢散步的感觉；回到家，慢慢地做一顿精致而健康的晚餐；晚上少看电视和电脑，和家人在饭后一同去散步，或者安静地看会儿书；周末两天尽量不要加班，可以用来彻底放松一下。

就是这样一些“小事”，却足够让我们感受到，工作不那么烦，心也没那么累了。其实，只要学会用心仔细地去品味生活，不管是酸甜苦辣哪一种滋味，都可以悟出生活的真谛。偶尔，享受一下优雅舒适的“慢生活”吧！不要急于四处奔波，让生活的脚步慢下来，让心灵的脚步也慢下来。慢，是一种态度，一种能力，一种独特的生活方式，它与财富、名望、地位没有太大关系，只需一颗平静而从容的心。

叫停，亦是一种智慧

提到圆谷幸吉，总是隐隐地感到一阵悲伤。

圆谷幸吉是日本出色的长跑运动员，1964 年日本主办奥运会，他被选入国家队，参加马拉松比赛。比赛那天早上，他和往常一样，喝了一杯茶之后就去比赛了。他的双腿接受过最严苛的训练，其他选手很难跟上他的步伐。半程过后，圆谷幸吉已是一副胜利在望的架势。可是，不知不觉间，一个叫阿比比·比基拉的人加快了步伐，在距离体育场三公里的地方超过了他。最后 100 米时，另一个对手也超越了他。

圆谷幸吉很想加快一点儿速度，但经过严格编制设定的心脏和肌肉骨头，根本无法承受这些额外的任务。所以，那次比赛的结果，圆谷幸吉获得了季军。他内心充满歉疚，向所有的国民鞠躬道歉，保证在下一次墨西哥奥运会上再创佳绩。

这件事过后，圆谷幸吉照常训练。但，他跑得越来越短，越来越面无表情。时间在盗窃他的力量，每一步都像是给他增加负重。终于有一天，圆谷幸吉没有从家门走出来。当他的家门被人撬开时候，人们发现，他的运动服仔细地放在地上，他躺在自己的马拉松鞋旁边，他用刮胡刀片切开了颈动脉。屋内的桌子上，放着他亲笔写下的遗书：

“父亲，母亲大人：这三天的山药很好吃，柿饼、糯米糕也很好吃。敏雄哥哥、嫂子：你们的寿司很好吃；岩哥、嫂子：你们的紫苏饭和南蛮咸菜好吃极了；喜久造哥哥、嫂子：你们带来的葡萄汁和养命酒非常好喝，我还要感谢你们经常为我洗洗涮涮……”

这封遗书，字字句句都写得诚实而美好，触动人心，没有任何的夸张、虚荣，全是对父母家人平时所做之事的感激，还有对世俗絮絮叨叨的留恋。既然如此舍不得生活，为何还要放弃生活呢？在遗书的最后，他说出了真相：“我累了，再也跑不动了。”

“我累了，再也跑不动了”，多么令人心痛的一句心声；累了就停下来歇一歇，多么简单而直接的选择。可是，圆谷幸吉太害怕让周围的人失望了，太渴望时刻都当一个“强者”和“赢者”了，这种渴望让他不敢表达和表现出自己的脆弱，也不敢说出那一句真正的心里话：“我累了，我不想再跑了。”

置身事外，也许每个人都是清醒而理智的。然而，置身于生活，我们都有可能变成圆谷幸吉这样的人。苏丽丽在最近的一周里已经失眠了三次，每天都是强打着精神去公司，看什么都觉得烦躁。她费尽心思做的策划方案，已经被退稿了四次，这种状态更让他厌倦透顶。她无心吃午饭，也无心和同事聊天，只觉得生活毫无乐趣，也觉得自己要撑不住了。

同住的室友感觉苏丽丽的状态不对，劝她说："丽丽，你需要休息了。这几年，你把自己当成了机器，工作起来什么都不顾，身体不舒服也强忍着。我知道，生活的压力很大，可这么扛着，迟早会把你压垮的呀！"这个时候，室友正在看的电影《小王子》里，也应时应景地冒出了一句台词："人一直走一直走，是走不远的……"苏丽丽陷入了沉思中。

几天以后，她向公司递交了辞呈，从内心深处真正给了自己停下来的机会。接下来的日子，她从强迫着自己不去想工作、想生活的状态，慢慢转变为把心放在生活中，去享受每天睡到自然醒的美好，去感受心灵一点点从浮躁变得安宁，去感受身体的能量一点点地恢复，去感受自己的思维一点点从僵硬变得活跃……三个月之后，苏秦又回到了工作岗位上。这一次，她去了一家更大的广告公司，虽然压力还是会有，可她知道什么时候该奋力前行，什么时候该停下脚步。工作不再是她维持生活的工具，维持生活也不再是她工作的唯一目标，现在的她，享受着工作带来的成就感，也感受着生活的点滴幸福。

女人啊，不管有多忙，都该为自己留下转身的空间。工作的时候可以拼尽全力，感觉累了就要试着停下来。休息会让你的身体释放紧张情绪，让你的身心回复到平衡的状态。如果短暂的停歇会让你的工作更沉稳，生活更美好，结果也更符合期望，那么这点儿微小的"损失"又算得了什么呢？

第29课 朋友

闺蜜是后天的亲人

你的生命里有没有这样一个女子？暗夜无眠的时候，她陪你一起等天亮；你哭得一塌糊涂时，她把肩膀借给你，一张一张地为你递纸巾；你可以跟她倾诉心声，甜蜜地分享快乐，甚至也可以在她面前直率地闹脾气；你受委屈时，她会为你挺身而出；你人生中的大事小事，她都是在场的见证人。

你们不是亲人，她却记得你的生日、你的结婚纪念日、你孩子的生日；你们不是孪生姐妹，却会经常穿姐妹装，看同一本书，说同样的话；你们不是每天见面，微信里却总有她的留言；你们没有事先商量，她却总能送你想要的东西，彼此间有一份无言的默契；她不是你，却好似世界上的另一个你。

她可能是你的故知，你们从前一起走过许多的路，在成长的岁月里一起长大，你们的童年有着某些相同的记忆。哪怕后来，都有了自己的事业和家庭，许久不能见上一面，可想起彼此都觉得亲切，会经常打打电话，发发短信，偶聚在一起也无须刻意寻找话题。

她也可能是你的新交，你们过去并不相识，只是因偶然的机会相遇，可是一遇见，便走进了彼此的心里。你们之间像是有一种莫名的磁场，相互吸引；你们之间可以分享秘密，从不担心说出的话会惹来非议。对方伤心的，难过的，委屈的，欢喜的，骄傲的，激动的，都会成为彼此的心事，对你就像对自己，爱你如同爱自己。有时，一个眼神，一个动作，一个提醒，就能明白对方的心；别人看不懂的文字，读不懂的心情，你们却可以心照不宣，给予对方最想要的东西。

无论是哪一种，她们都有一个共同的名字：闺蜜。

大学时代，我身边也有两三个可称为闺蜜的姑娘。我们一起笑，一起闹，一起上课，一起逛街，一起逃课，一起洗澡，一起分享恋爱的秘密。跌跌撞撞、有喜有泪的日子，我们一起走过；密密麻麻的回忆里，全是她们的音容笑貌。

后来，我们嫁人了，各奔东西，有了自己的家，自己的孩子，有了不同的烦恼。我们联系很少，却总是相互牵挂。也许相隔千里，也许各自忙碌，可内心深处依然给彼此留着位置。想起我们一起度过的时光，总会嘴角上扬，内心温暖无比。

电影《后来的我们》即将上映时，我们相约“一起”去看首映。是的，我们生活在不同的城市，不同的角落，但我们却实实在在地感受了一把“海上生明月，天涯共此时”的意境。电影结束后，我把卡曼·蕾妮·贝瑞在《女人该有女朋友》中写道的一句话分享在微信的“蜜柚群”里：“无论男人多棒，也无法取代女人的闺蜜。闺蜜是女人生活中不可分割的一部分。”

在看《滚蛋吧，肿瘤君》时，我有好几次都泪眼模糊：熊顿因吐槽老板丢了工作，又被男朋友劈腿失去了爱情，可命运并未放过她，在生日聚会欢腾过后，她忽然晕倒在自己的房间。之后，她被诊断为淋巴癌。在生命的最后一段时间里，是闺蜜们陪她一起度过的，他们甚至愿意陪她一起变成“光头”……在人生最艰难的时刻，有了这样一群闺蜜，熊顿感受到的是温暖，有限的生命也变得无限精彩。

所以，有一个懂自己的闺蜜，是女人生命中的一件幸事，不要因为恋爱了、结婚了、做妈妈了，就把重心全部转移到家庭，放弃自己的朋友圈。同时，拥有闺蜜本身也是拥有一份自己的私人空间，可以减少对伴侣的依赖，也可以缓解生活琐事带来的压力，甚至可以在人生的艰难时刻给予我们一份坚强的力量。

和有思想的人做朋友

当我们感受着闺蜜带来的各种美好体验时，也不能忽略一个事实，不是所有的人都适合做闺蜜，倘若不懂识人，遇人不淑，错把“毒闺蜜”当成“好闺蜜”，原本平静的生活可能会变得一团糟，心灵上的伤害也是更直接、更猛烈的。

读者薇薇给我讲述过她的一段经历，让我感慨万千。

那是前年夏天，薇薇告诉我，她要离开长沙，到深圳去了。

对于长沙这个地方，她短期内都不想再回来，这里留给她的记忆全是悲伤，不仅有失恋，还有欺骗。

薇薇的朋友晶，在爱上了一个小自己3岁的男生后，怀孕了。薇薇替晶出面，希望男生能对这件事负责，但男生害怕承担责任，不敢再露面。最后，薇薇陪晶去了医院，之后让她住在自己的家里，每天为她煮粥熬汤。薇薇的衣服，有很多还没来得及穿，就直接送给了晶。薇薇提醒晶，以后一定要爱惜自己，身体是自己的，经不起折腾。毕竟，这已经是晶第三次做这种手术了。

在薇薇的认知里，人心是可以捂暖的，可是有一天，薇薇却发现，这句话并不适用于所有人。她认真对待并信任的晶，竟然在背后传了很多关于她的"闲话"，感情上的、家庭上的，她成了朋友圈里没有"秘密"的人。当初，她是因为相信晶，才会跟她讲述自己的那些隐私，没想到竟成了"以讹传讹"。

在朋友落难的时候，伸出援手给予温暖的帮助，恰恰是朋友存在的意义。反过来，如果遇人不淑，所结交的朋友不仅无法在雪中送炭，还可能会落井下石。薇薇遇到的"毒闺蜜"，不只晶一个，她还告诉我，自己曾经错信了一位交心的网友，被她偷窃了不少的衣物、化妆品和现金。我同情薇薇的遭遇，对她那些不愉快的经历表示理解和心疼，但我同时也提醒了她："朋友就像一面镜子，选择什么样的人做朋友很重要。一旦选错了，思想上、生活上、行为上都会受到不好的影响。愿今后的你，能把内心的善良，交付给值得的人。"

社会是复杂的，我们在追求自己生活圈子的同时，也需要擦亮眼睛，认清什么样的人才能成为朋友。真正的朋友，应当是让我们振作起来的人，是让我们感觉暗淡无光的世界顿时灯火通明。想活得优雅、通透，就要多结交一些有思想、有品位、有学识的朋友，汲取他们身上的优点，丰富自己的内心。不信你看，但凡有品位的女人，她们的身边一定有着和她们品位相同、甚至更胜于她们的人。

正所谓："近朱者赤，近墨者黑。"总是处于不好的环境中，心灵和思想也会受到消极观念的影响，随波逐流。做一个睿智的女子吧！不为谁放弃自己的朋友圈，但也要时刻提醒自己，在交友的问题上对自己负责。

第30课
梦想

怀揣梦想是幸福的

“我是越老越觉得自己美丽，不是因为别的，就是我实现了自己的梦想。”

这是玫琳凯女士的肺腑之声，她的事业开始于一般人认为应该结束的时候，因为那一年她已经45岁了。她从做了25年的直销岗位上退休，坐在自家的餐桌旁，回想二十几年来的工作经历及感受。玫琳凯决定，把多年来自己作为出色营销员的种种经历写下来，把工作中遇到的美好和困惑罗列出来。看着自己列出的清单，她突然感觉心中一热，竟产生了一个梦想，创立一个“梦想公司”，给所有女性提供实现自我的机会，帮助她们实现梦想。

1963年9月13日，玫琳凯与儿子以及9名美容顾问，正式建立了“玫琳凯化妆品公司”，开始了她的梦想之旅。之后，她成功了，这家企业也从一个小型的化妆品公司发展成全美最大的护肤品企业，业务遍及世界33个国家及地区，年营业额达30亿美元，全球的美容顾问队伍达到了90万人，培养了2000万名忠实的顾客。

一个女人的价值在哪儿？不仅仅是饰演好女儿、妻子、母亲的角色，更体现在对自身梦想的追求上。丢了梦想的女人，就像是失去光芒的钻石。如果说世界的美丽是十分，若少了梦想的点缀，就只剩下三分。

女人的梦想，会随着时间的推移和阅历的增加而改变。年轻女孩有诸多的梦境，憧憬着各种童话般的美好；成熟女人，看待事情往往更现实。不甘平庸的女人，永远都主导着自己的精神领地，在那里担当着主角。就算梦想没有实现，可追求梦想的过程却也丰富了岁月。

33岁的茜草，曾经有过一段短暂的婚姻，但她从未觉得离过婚的女人就“掉价”。她有一份少女的情怀，时而有点小伤感，还有点小敏感，这些年身边的很多东西都改变了，她也改变了对很多事物的看法，可唯一没变的，就是她的梦想。许多和她年纪相仿的女人，也已经为人妻母，她们在慢慢地向生活妥协，忘了自己，满心全是家和孩子。

茜草是她的网名，可是人如其名。她的梦想既简单又艰难——享受当下的每天，把脚步留在四方。她喜欢四处旅行，看不一样的风景，感受不一样的风情。她在日记里写道：“生活中，每个人的终点都一样，我在乎的是沿途经历了哪些风景，学到了哪些东西。”

她从不会说等自己有钱了再去哪儿，也不会说没有时间，更不会说找个谁来陪。想要的东西，想做的事，自己帮自己实现。她说，第一次远行时有点恐惧，可真的迈开那一步了，会发现并不难。许多女人的梦想搁浅了，完全是被自己的内心吓倒了，怕遇到困难，怕遇到突发情况，怕自己解决不了。其实，恐惧都是自己想象出来的，真的行动了，一切问题都能迎刃而解。尽管现在，茜草依然是一个人，可是有梦想相随的日子，她从不孤独。

在人生的旅途中，要携带许许多多的东西，或许一不留神就忘了，或许走着走着就丢了。可有一件东西，女人始终要把它放在重要的位置，好好守护，那就是梦想。一个拥有梦想的女人，从不屈尊于生活，从不为任何人止步，她会给梦想插上一架翅膀，任由它带着自己穿越荒野、穿越海洋，纵然是平凡的女子，在梦想的照耀下，也会散发出动人的光芒。

不断学习，完善自我

姑姑高中毕业后，没有上大学，而是步入社会参加了工作。

起先，她就在一家工厂的车间做女工，每天穿着深蓝色的工作服，戴一顶蓝色的帆布帽，在车床周围忙碌。后来，姑姑结婚了，可还是一直保持着这份工作。那时候，身在农村的女性，大都在婚后当起家庭主妇，闲来无事串门拉家常。

姑姑的骨子里有点儿自视清高，她不屑于与那些同龄的村妇在一起东长西短的闲聊，同时她也不满足于一辈子只当个车间女工。是的，她希望有一技之长，拥有一份能不断增值的工作。抱着这份信念，她开始在做女工之余，自学会计，并顺利取得了会计资格证。

碰巧，姑姑所在的工厂改制，并开始涉足建筑行业。已经有了会计资格证的姑姑，在工厂拓展业务急需人手之际，顺理成章地担任起了出纳工作，后又一步步地开始做会计工作。就这样，姑姑从一名在车间劳作的女工，转变成了坐在办公室里的会计文员。

姑姑的学习热情并未减退，对建筑行业了解得越来越多，她又开始学习安全员和资料员方面的知识，再取得相应的入职资格后，她便开始跟随领导一起进驻工地，进行实践。当然，她也没有浪费自己的会计经验，在从事资料员工作的同时，也给其他公司做兼职会计。

现在的姑姑，已经是五十几岁的人了，可她看起来依然光彩照人，自信满满。这份自信，不仅仅靠追随时尚潮流的装扮，还有一份独立自主、精进自我的底气。尽管她不是新生代的年轻人，可她从未放弃过学习和对自我的完善，现在的她算得上是合格的“斜杠中年”了。

与她同龄的那些农村妇女，在三十年的时光里，除了年龄的积累以外，并未有什么改变。不是条件不允许，也不是生不逢时，而是从一开始就没有把自我成长当成一回事。姑姑作为平凡的女性，虽不是一本情节跌宕起伏的故事书，可至少不像一张白纸，让人觉得索然无味。她在努力让自己凸显出精致和丰富的内涵，而这些东西，都是通过不断学习获得的。

现实中，有些女人是因为家庭原因而停下了学习的脚步，还有些女人是因为年龄。她们习惯把“老”字挂在嘴上，以年龄的增加、身体的状况、精力的不足等理由，纵容自己放弃学习。不得不说，真的很可惜。人生真正的衰退并不是白发与皱纹，而是心灵的老化，是丧失了学习与进取的激情。

托马斯曾说过：“任何大学教育或教育培训制度教给我们的只是如何帮助自己，而我们自己则必须学会如何教育自己。”在时刻变化的时代里，女人要感受到丰富和自身的价值，不是马不停蹄地加快生活的脚步，而是要不断地拓宽眼界，从周围汲取知识的养料，滋养躁动的心，让它更强大、更容易发现快乐、感受快乐。

对女人来说，在生命的每段岁月里，学习都是充盈内心的最佳途径之一，它能让你体会到思想逐渐变得深厚的喜悦，让你看到生命的成长和潜能。当然，学习的含义并非接受正规的教育课程，学习的场地也不仅限于校园，它是心灵所需的自发运动，贯穿生命的全程。

第31课 美食

美食与优雅生活

优雅的生活，不是活在艺术中的虚无缥缈的状态，而是浸泡在人间烟火之中，却又超越烟熏火燎的清澈与美好。优雅曼妙的生活，无论何时都少不了美食的相伴。

我很喜欢美食专栏作家宋菲说过的一段话："幸福的滋味在美食，从美食中获得的幸福往往很简单。我对美食的喜爱没有止步，常被它诱人的色彩和别人形容的味道所吸引，甚至去原产地追寻它的原味。记得有一次为了吃毛豆腐专门搭飞机去安徽，那种从内心散发出的幸福不亲自尝试是无法感受的。"

之所以喜欢这番话，大抵也是因为自己有过与之相似的经历。第一次独自旅行是在十年前，目的地是大理。那年春节之际，在央视上看到了对大理的介绍，尤其是喜洲的破酥粑粑与周城的扎染。于是，春节过后，就订了去云南的机票，路过昆明逗留了一天，在黑幕降临之时，踏上了开往大理的列车。

天蒙蒙亮，大概是五点钟，就到了大理。在候车室里坐到了 7 点，才等到去大理的车。现在的交通相比十年前，已经方便了许多，但回想起当时那段经历，却倍感亲切和美好。等待的过程，本就是一种特别的体验。

在大理古城待了两天后，准备动身去双廊，途径周城与喜洲。为了去这两个地方，特意包了一辆车，热情的司机师傅带着我，直奔上了央视直播的那家独特的扎染手工作坊。白族人的热情，让人感觉很舒服，而我也目睹了古法扎染的奇妙，不禁发出匠心百年流传未曾变质的惊叹。

离开了扎染作坊，我们又到了喜洲。那里没有大理古城浓重的商业化气息，就是一个小而单纯的古镇。我找到了那家卖破酥粑粑的店，一个粑粑 5 元钱，现在应该早就翻倍了。一个玫瑰豆沙馅，一个肉馅，放在嘴里，不用用力去咬，就酥得掉渣……吃过后，真的有种意犹未尽之感。后来，司机师傅也说，那家店的粑粑是最正宗的。

你看，享受美食，不仅仅是满足味蕾。在繁忙之余，解脱一下自己，搜寻心仪之地的特色美食，在这过程中接触形形色色的人，既品尝了美食，也开阔了眼界，更丰富了阅历。如果可以，跟父母、爱人、孩子一起获得这样的体验，更有一种简单而醇厚的幸福感。

品尝美食，感受平淡的幸福，需要一颗平和的心。少了这样的心境，无论是山珍海味，还是平淡菜饭，都可能是食之无味的，更不能有优雅的闲情逸致去享受它，让它触动味蕾。我个人有深刻的体验，在情绪不佳、内心焦躁不安的时候，非但无法认真地吃饭，反倒更容易去吃那些没有营养的垃圾食品，或者用暴食的方式来缓解压力。

正因为自己有过类似的经历，才深深地体悟到：一个女人用什么样的方式吃饭，吃什么样的东西，映射了她内心的状态，以及她正在过着怎样的生活。如果她能够做到，每一餐都吃自己喜欢的且健康的食物，可以用心去品尝入口的每一种食材，细嚼慢咽、不急不躁，那多半可以说明，她当下的心境是平和的、温润的，无论正在经历怎样的事实，起码她有底气和信心应对它，至少做好了应对的准备。

每一种食材都是不同的，每一种都有独特的自然风味。优雅地吃饭，是在视觉上欣赏食材，在味觉上感受食材。从某种意义上讲，美食与生活是等同的，对美食的漠视，恰如对生活之美的淡忘。女人，无论是灿烂夺目还是安静平凡，都应当爱护自己，给自己留一点释放解压的时间：清晨，准备一杯醇香的咖啡，一份精致营养的早餐，听一段喜欢的音乐，感受独处的美妙；午后，与好友在精致的菜品与优雅的餐具前畅谈一番，不时地望一望窗外摇曳的树枝……这，就是一份简单的、唾手可得的美好生活。

认真对待每一份食物

世间唯爱与美食，不可辜负——我相信，这句话你一定听过数遍了。

是的，我们都喜欢这种透着丝丝小确幸的句子，仿佛感受到了生活的温度，也觉得美好是可触碰的。可是，怎样才算不辜负爱，不辜负美食呢？每个人的理解，截然不同。

有人觉得，吃遍天下美食就是不辜负；也有人觉得，把喜欢的食物吃个够就是不辜负；还有人觉得，心情好与不好，点各种好吃的满足自己就是不辜负……也许，还可以补充更多的情景，因为它们是那样真实地发生在你我身边。

我原也以为，不辜负美食，就是要尝遍天下美食，或只按照口欲来选择食物，甚至不让盘子里剩下任何的食物……如若不然，似乎就辜负了食物存在的意义。但，前几年身体的不适突然提醒我，这并非敬畏食物、不辜负美食的全部内涵。

多数人可能并未意识到，我们与食物的关系，折射着我们与自己的关系。不假思索地吃东西，总是担心不够吃而准备过量的食材，害怕浪费不惜撑着自己去实现“光盘”……这些行为的背后，其实都有深层次的心理动机。

我经历过很长一段时间的情绪性进食，回想那段经历，我总结出了一些心得：我没有用心去感受食物的味道，或者说根本不知道自己为什么而吃，只是觉得吃点东西能让情绪稍微好一点。事实上，这已是对食物的一种辜负，我根本没有享受到它的美好。

我之所以这样做，是因为内心深处不够认可自己，不够爱自己，没有勇气去选择真正想要的。我还喜欢囤积食物，无论能不能消受，也喜欢把它们放在冰箱里。让我满足的不是吃，而是囤积。许久以后，我才意识到，身体犹如一间屋子，食物是维持生活的物品，从这个角度来诠释，多真的不意味着好，选择自己真正喜欢的、需要的、能承受的，好过无意义地囤积。唯有认真对待每一份食物，感受到它的价值所在，才是对食物真正的热爱与不辜负。

不辜负食物，不在于吃多少种类，吃多少量，而在于品尝它的味道，让每一份入口的食物，都能在味蕾中停留，散发出绵长的满足感。就如最寻常的一碗面，你能否在吃第一口的时候，触到它的温度，嗅到它的香味，感受到它的软硬度，以及面食本身的香甜味道？

我很喜欢一部日本电影《橙沙之味》，它把对待食物和对待人生的态度融合在一起，里面的老人在制作豆沙馅料时，把豆沙视为有生命的事物，细致认真地去制作，不敷衍、不糊弄、不贪快、不图多，只求最终做出来的东西，能让食材发挥出它最大的价值。用最简单的话来说，让每一种食物，让每一道食品，都呈现出它应有的样子。尽管影片中的老人已布满皱纹，看起来不再年轻，但她如同匠人一样去熬红豆沙的样子，却显得格外优雅，令人动容。那是一份对食物的敬畏，也是一份对生活的认真。

优雅的女人，优雅的生活，离不开平衡、健康的饮食习惯。几乎所有人都知道，吃清淡的饮食对身体是有益的，但何谓清淡呢？可能在不少人的认知里，清淡就是水煮青菜，没有油盐，不吃肉，一日三餐都食素。其实，这是对清淡莫大的误解。

太过苛刻的要求，往往会令人感到压抑和厌倦，单纯靠意志力去做一件事，是很难长久的。平衡、健康的饮食，当是一种自然而然、可以长久保持的习惯。所谓清淡，不单单指食材的种类，更重要的是烹饪方式。比如，鸡胸肉是蛋白质，水煮鸡胸肉配上菜与油醋汁，做成一道沙拉，就属于清淡的饮食。如果用大量的油去炒青菜，或是用油炸的方式去烹饪鸡肉，这样的青菜和蛋白质，都不能算是清淡的饮食。

真正的清淡，是指在膳食平衡、营养合理的前提下，口味偏于清淡的饮食方式，减少炒、爆、煎、炸、烤等烹饪方式，尽量选择清蒸、白煮、凉拌等，少加调料，让所有的食材都保持最本真的风味，保留最大的营养价值，降低脾胃消化的消耗。这样的饮食方式，不仅让女性更健康，也更能给人带来祥和、宁静和健康。

第32课 礼物

爱自己是最暖的礼物

当我学会爱自己以后，我会经常性地送给自己一些心仪的礼物，比如，一套舒适柔软的睡衣，一对精致的耳钉，一条温暖的羊绒围巾，一场净化心灵的沙龙……但，物质上的满足并不是爱自己的全部，或者说只是一种表层的爱，最温暖的礼物其实是来自内心深处对自己的全然接纳，对现实生活的“臣服”。

成为一个用物质满足的女性并不算太难，可要做到后者，却实属不易。关于这一点，在看英剧《肥瑞的疯狂日记》时，我不免对其中的一个片段产生了强烈的共鸣和感慨。

女主角肥瑞因为体重过胖，十分自卑，曾因抑郁症自杀而住院接受治疗。出院后的肥瑞，虽然回归了正常的社会生活，但她不敢穿漂亮衣服，不化妆，也不敢接近自己喜欢的男生，总觉得自己很差劲儿，并一直接受心理咨询。

肥瑞的心理咨询师反复跟她说同一句话："你要试着爱自己。"但肥瑞并无法真正理解和实践这句话，终于有一天，她向咨询师吼道："每次治疗，你都说我要懂得爱自己，要对自己更好一点，几个月了，你就像复读机一样！但你从未告诉过我，我如何开始爱自己，什么时候开始？"

肥瑞情绪激动，但咨询师却不紧不慢地说："好，那我们现在就开始！"

咨询师让肥瑞闭上眼睛，并问道："你讨厌自己什么？"

肥瑞哭着说："我很肥，我很丑，我总是毁掉一切！"

咨询师说："试着回忆一下，你这样讨厌自己多久了？"

肥瑞回答道："我不知道，大概从 9、10 岁就开始了吧！"

咨询师让肥瑞想象 10 岁时的自己，想象她就坐在这里，然后告诉肥瑞："现在，请你对这个小女孩说：'你很肥，你很丑，你没用。你没有任何价值，你活着只会给人增添负担！"

肥瑞怔住了，她觉得这样做太过残忍，于是挂着眼泪说："我不会这么做的。"

咨询师说："你已经做了，这就是你每天都在对自己做的事情。"接着，咨询师又告诉她，"每当你感到焦虑不安时，你要告诉自己一切都会好起来的。你要像安慰那个小姑娘一样安慰自己，如果你能保证这么做，那我保证你将可以面对任何事情……从现在开始，一切都从现在开始。"

是的，肥瑞总不相信自己是优秀的，是值得被爱的，深深的自卑感让她丧失了一部分接受爱的能力。她自己全然不知，性格上的直爽，幽默风趣的说话方式，对朋友真诚讲义气的处事作风，都是她值得被爱的地方，也是她的可爱之处。

这个世界上最温暖的礼物，莫过于爱自己。何谓真正的爱自己呢？有一个权威的解释是："一种自我支持的状态，这种状态通过支持我们的身体、心理和精神成长的行为而增长。"具体而言，它涵盖了以下几个方面：

· 在合理范围内满足自我需求

人有欲望和需求是很正常的事，在合理范围内满足自己的需求，是对自我的尊重，也可以帮助我们建立自我关爱，从中感受到快乐。物质上的满足就属于这一种，如把心仪已久的包包收入囊中，舍不得报名的钢琴课终于报上了，这种自我满足的幸福感，会给人带来活力和希望。

· 尊重自己内心真实的意愿

优雅的女人往往都是从容的，这份从容来自不违背自我真实的资源，不勉强自己去持续承受痛苦。当内心对不喜欢的人、不喜欢的事发出"我不想要"的信号时，她们能够觉察到这种感受，并且尊重自己的感受，不会因为害怕冲突或处于好人心态，就陷入"讨好模式"。

· 敢承认并接纳自身的局限

美好不等同于完美，不完美也可以很美好。一个真正爱自己的女人，对自己是坦诚的，能够认清自己的现状，看到自身的优势，也接纳自身的局限。正因为不去遮遮掩掩，才显得落落大方、自信非凡。

· 不因外界的评价而否定自我

一个容易被外界评价牵着走的女人，流露出的永远都是缩手缩脚、迟疑不定，且很容易在嘈杂的声音中产生自我否定与苛责，随之而来的就是焦虑和恐惧，不敢表达真实的自己，从而丧失与他人建立真实的、深度的联结的机会。

爱自己是一件和自我成长相关的事，只是当下被消费文化和营销泛用了，让人误认为给自己大量地添置物质就是爱自己的全部内涵，最后演变成满足全部需求，甚至放纵欲望。

《少有人走的路》里反复强调“自律”，放纵欲望带不来真正的幸福，即便有快乐也只是片面的，当被欲望操控后，自爱就变成了自我伤害。爱自己的意义是很深刻的，就像卓别林在 70 岁生日时所写的那样：“当我真正开始爱自己我才认识到，所有的痛苦和情感的折磨，都只是提醒我：活着，不要违背自己的本心。我们无须再害怕自己和他人的分歧，因为即使星星有时也会碰在一起，形成新的世界，这就是生命。”

生活需要一点仪式感

第一次去听音乐会，是在 25 岁生日那天。

倒也没什么特别的原因，只是想多一份全新的体验。于是，为自己订购了一个堂坐，在生日那天下班后，精心打扮了一番，就出门了。音乐会要 19:30 才开始，尽管只是一个人过生日，没有朋友和家人的陪伴，但也还是找了一家清静点的餐厅，给自己点了两道喜欢的菜，一壶色彩艳丽的花果茶。

吃过饭后，带着心满意足走进了大剧院，伴着温暖的春风，在剧院外散步。直至19点过后，开始缓慢地走进剧场，就坐。我是不太懂音乐的，也不会乐器，但不会不代表不能欣赏，不懂欣赏，亲临现场去聆听各种乐器发出不同的声音，再巧妙地结合在一起，那份震撼心灵的感受，是在其他场合听音乐无法比拟的。

那个生日，过得很平静，却也很值得回味。

作为一个热爱生活的女性，我们总要学会给自己一些充满仪式感的惊喜，这份惊喜不一定很昂贵，可能只是清晨的一碗健康的蔬菜粥，或者喝一杯慢条斯理的下午茶，又或者在特别的日子为自己订一束鲜花，请自己听一场音乐会、看一场话剧，都能制造出幸福感。

《小王子》里说："仪式感的存在，是让某一天与其他日子不同，使某一时刻与其他时刻不同。"如果生活总是按部就班，像模板一样重复，日久天长必定令人生厌。但不可否认，平淡也是生活的基调，我们所能做的就是给一天天平淡的日子，制造一些小小的不同，让某个时刻变得难忘和特别，让生活多一抹色彩，加深与自己、与亲人的感情。

仪式感，不是矫情，与物质基础没有太大关系，它更多的是对生活的态度，对自我的重视。生活就摆在眼前，至于怎么去经营，怎么去度过每一天，全在于自己的选择。

前几日临近小雪节气，北京下了第一场雪，又刚好赶上周末。早起透过窗子，看到地上已落白白的一层雪，顿时感觉冬天的味道很浓很浓。在这样的日子，吃涮锅和饺子是北方人最喜欢的事，我也和家人一起包了小巧而精致的饺子。

当外面飘着雪花，桌上放着热气腾腾的饺子，只是看到这景象，内心就涌出一股暖流，幸福感油然而生。你看，仪式感一点儿也不复杂，也不一定要耗费多少物力财力，但它却让我们切切实实有了存在感，用心去感知生命，充满热忱地面对生活。

美剧《绝望的主妇》里也提到："很多人的生活之所以平淡无趣，其实是缺乏了仪式感。"在这个快节奏、充满压力的时代，我们会感到疲惫，甚至偶尔萌生出一丝厌倦，也正因为此，才需要拒绝潦草，用心地抵抗生活的困惑与沮丧。即便只是每天认真准备三餐，也是生活中的一种仪式感，它充当了一条明确的分界线，让我们把生活状态和工作状态划分开来。

从现在开始，每天拿出一小段时间来尽情放松自己，或沐浴焚香，或煮一盏茶，或看一本书……这不仅仅是做一件事，更是在享受属于自己的时间与空间，在这样的氛围中，我们更容易在细碎之中汲取心灵的养分，然后打起精神更有力地前行。

第33课 财富

有财力，活得更美丽

女性的优雅气质与精致生活，并非都是靠金钱得以成全的。然而，身处今天这个时代，我们却也无法否认，女性比以往任何时候都需要财务知识，且更需要实现经济独立，乃至财务自由。毕竟，生活是现实的，经济基础决定上层建筑也是有目共睹的，金钱虽不是万能的，却是一个坚实可靠的后盾。

从某种意义上来说，经济独立决定着女人的底气。我们没有必要沦为拜金之人，但要学会精打细算，为未来做准备，尽早学会投资和储蓄，掌握理财知识与技巧，提高自己的财商。朱蒂·瑞斯尼克是美国一家投资银行及证券管理公司的董事长，她结合自己一生的经历总结了这样一句话："我富有过，我穷过，因此我知道，有钱比较好过。"

简短的一句话，渗透出的是经历过大起大落的人生感悟。

这位非凡的女性，也的确经历了常人难以想象的坎坷：她原是富有家庭里的千金，后沦为落魄的离婚女人；从亲情围绕身边，到所有亲人一个个残酷地离开；更残酷地是，健康美丽的身体也开始离她而去，她两次患癌，变得人老珠黄……这一系列的遭遇，让阳光自信的她终日酗酒嗑药。

40 岁的时候，她已经没有了青春，同时也失去了家庭。生活已经没有退路了，而两个女儿还要指望她，怎么办？是再寻觅一个能依靠、能养活自己的人，还是自己艰难地爬起来？她，勇敢地选择了后者。

新的生活是从在证券公司做临时业务员开始的，证券行业的业务员基本上都是男性，但她却极力地发挥出了女性特有的优势，以独到的眼光和重视小客户的热忱，为自己开辟了一条新生之路。自此，她的事业开始有了起色，并逐渐呈现出上升的趋势。

10 年过后，她已经成了一家著名投资银行的董事长。经历了这一连串的起落浮沉，她愈发深刻地领悟到：金钱虽然无法买来一切，却可以换得尊严与自由。可以说，财力，可以让女人更美丽，也更有选择的权利。

诺是我的一位闺蜜，至今依然单身，但她的生活却有声有色。早在 30 岁之前，她就为自己买了小房子，有了安顿身心的家。从事互联网营销多年，她也积累了丰富的经验，如今带领一个小团队做直播，也逐渐步入佳境。

周围不少的已婚同学提醒过诺：“你条件也不错，找个合适的人一起生活，会更轻松一点儿，不用这么拼了。”诺很有主见，从不因家人或周围人的催婚就轻易交付自己的一生，她说：“我努力赚钱，不是因为我爱钱。经济独立是我的资本，也是我的骄傲。遇到条件优越的人，我不会觉得自己高攀了他；遇见经济条件略逊于我，但感情真挚的人，我也不会让两人的日子过得太寒酸……”

身为新时代的女性，我们不一定是金钱的崇拜者，但一定是金钱的需要者。钱，对女人意味着很多，它可以让女性更加独立、更加自主，也可以更体面、更有尊严地生活。

理性消费，精致生活

对于优雅精致的生活，很多女性在消费认知上掉进了一个误区。

在北京工作生活的姑娘文悦，月薪5000元。她不喜欢早起挤公交地铁，自从有了网约车后，她就每天打车上下班，来回80多元。算下来，每个月的打车成本在1700元左右，占据了每月工资的1/3。除去打车钱，她还要交房租，日子过得还是比较拮据的。为什么不能坐公交地铁上下班呢？提到这件事，文悦道出了深层次的心理原因：虽然每天打车花费高，可这种方式让我感觉自己在城市里活得比较体面和精致，不用在拥挤的车厢里，闻着各种怪味道，随着车辆的开动和停止晃晃荡荡。

和文悦的选择相似的，还有在国贸上班的小艾。她刚毕业一年，工资也不高，但她每周至少有三四天，都要在中午吃过饭后去星巴克买一杯咖啡。其实，星巴克旁边就有麦当劳，买一杯咖啡用不了 30 元，可小艾不乐意，她说：“我喜欢手捧着星巴克走进办公室的感觉，好像自己手里捧得不是咖啡，是一种精致、优雅的生活状态。”

前面提到的两位年轻女性，并不是个案，还有不少女性，为了维系一份看上去精致优雅的生活，住网红民宿、衣服换一件扔一件、购买新版的苹果手机……为了自己心仪的体验感，不管它是虚幻的还是短暂的，她们都乐意为此花费大量的金钱，甚至不惜超出自己的支付能力。

当这些女性维系着自认为的精致优雅时，网络上有一个尖锐的提问冒出来：你的收入，够得上你的精致吗？答案很残酷，西南财经大学《中国家庭金融报告》显示，中国超过 55% 的家庭是 0 储蓄！ 0 储蓄，意味着什么？意味着全家月光。

对于这些消费行为，可以有很多“解释”：善待自己、富养自己、犒劳自己。不可否认，这样的初衷是美好的，但这种消费有多少是真正的生活所需，又有多少是为了打造自己的社交形象？换句话说，是为了让自己活得精致，还是让朋友圈、社交网站上的自己，看起来活得很精致？扪心自问：有多少体验是为了让自己更贴近脑海中的理想自我，又或者人设？

或许，我们需要静心思考一下：到底什么是生活？《华盛顿邮报》对此做过一份调查：“你认为世间最奢侈的物品是什么？”评选出的结果中，没有奔驰宝马、爱马仕和 LV，而是生命的觉醒与开悟、走遍天下的气魄、安稳平和的睡眠、享受自己的空间和时间、彼此深爱的灵魂伴侣、身体健康与内心富足等。

这也提醒着我们，优雅的生活是由内之外的，可以为自己添置物品、犒劳自己，但前提是保持理性。真正的从容，不是不计后果地透支，或给别人看，而是把消费决策攥紧在自己的手里，回归生活所需，让自己感受到美好和踏实。

理智与狂热的博弈，永远都在继续。当各种诱惑弥漫在四周的时候，能否止住冲动的步伐，考验的是内在的定力，以及对自我、对生活的理性认知。为了潜意识中的人设疯狂消费，不过是落入了消费主义所画下的“精致生活圈套”。

会赚钱，亦会花钱，才能一直保持从容。花自己的钱，却为了别人而活，向来都不是精致的真谛。或许，我们该谨记蒋勋老师的忠告：“真正的精致并不是贵，它不是通过财富、物品、服饰把自己和别人区分开来，当你想以此区别自己和别人时，你就已经失去了精致。”